PYTHON MACHINE LEARNING
IN PRACTICE

Python
机器学习开发实战

王新宇　编著

人民邮电出版社

北　京

图书在版编目（CIP）数据

Python机器学习开发实战 / 王新宇编著. -- 北京：
人民邮电出版社，2020.8（2024.5重印）
ISBN 978-7-115-52527-7

Ⅰ．①P… Ⅱ．①王… Ⅲ．①软件工具－程序设计
Ⅳ．①TP311.561

中国版本图书馆CIP数据核字(2019)第250685号

内 容 提 要

本书以 Python 语言为基础，对机器学习领域的相关概念和应用进行了介绍。本书在介绍机器学习理论的时候，尽量用浅显易懂的语言以及基础的数学知识来讲解。此外，为了将知识表述得更形象，本书添加了大量图像作为辅助，正所谓"数无形时少直觉，形少数时难入微""一图抵千言"。本书内容主要包括 Python 语言的基础知识、实践中最常用的机器学习算法及其原理，以及实践中的机器学习算法应用，还有一些深度学习框架的讲解和应用。

本书将复杂的机器学习算法用简单的方法加以解释，适合想入门数据分析、机器学习、人工智能等领域的读者阅读。

◆ 编　著　王新宇
责任编辑　罗　朗
责任印制　王　郁　陈　犇
◆ 人民邮电出版社出版发行　　北京市丰台区成寿寺路 11 号
邮编 100164　电子邮件 315@ptpress.com.cn
网址 http://www.ptpress.com.cn
固安县铭成印刷有限公司印刷
◆ 开本：787×1092　1/16
印张：19　　　　　　　2020 年 8 月第 1 版
字数：388 千字　　　　2024 年 5 月河北第 6 次印刷

定价：59.80 元

读者服务热线：**(010)81055256**　印装质量热线：**(010)81055316**
反盗版热线：**(010)81055315**
广告经营许可证：京东市监广登字 20170147 号

前　言

我们现在生活的时代处处都有人工智能的影子，比如在搜索引擎上搜索一段话，按下 Enter 键之后，搜索引擎就会对这段话进行语义分析，然后返回合适的结果；还可以使用图片搜索功能，只要我们上传一张照片，搜索引擎就可以返回相似的照片，甚至告诉我们这张照片的相关信息。这些技术的实现都依托于机器学习。

"机器学习"这个名称给人一种很"高级"的感觉，这种叫法让人觉得机器好像有了自主的学习能力，其实不然。机器学习背后所应用的数学思想早在很多年前就已经出现了，比如现在很火的名词"深度学习"的理论基础——神经网络，早在1949 年就被提出了。其他一些机器学习的数学理论也是如此。但是在那些年代计算机算力跟不上，所以这些理论并不如现在火热。近些年，由于计算机硬件的飞速发展，这些数学理论被高效地实现，因此这些思想又重新流行起来。特别是现在，一台个人计算机都可以用来进行机器学习平台的搭建。所以，可以粗略理解为所谓的"机器学习"就是"计算机"＋"数学理论"。本书的任务就是带领读者理解机器学习背后的思想。

本书特色

1. Python 语言基础讲解详细，深度和广度并重

为了照顾没有编程基础的读者，本书会先对 Python 语言及其整个科学计算的生态圈进行讲解。

2. 深入浅出地介绍了 11 个机器学习算法，只要掌握基础的数学知识就能看懂

本书涵盖了 11 个机器学习算法，对它们背后的数学理论知识做了深入探讨。另外，将 11 个机器学习算法有机结合，比如将线性回归、逻辑回归以及神经网络这三个经典算法结合起来，读者可以梳理清楚它们之间的关系，清晰地认识到机器学习算法是相互关联的，一些思想是可以通用的。

3. 图片、代码和案例相结合

本书有大量的图片作为辅助参考，这些图片将复杂的数学理论形象直观地表达出来，让读者更容易理解抽象的概念。此外，每个知识点都有相应的案例以及实现的代码，让读者可以将所学的知识快速应用起来。

本书内容及体系结构

第 1 章　介绍了机器学习的基本概念，以及相关开发工具的配置。

第 2 章　介绍了 Python 语言的入门知识，其中包含了基本的操作符、容器及流程控制语句。

第 3 章　讲解了 Numpy 的使用方法，介绍了数组的概念，以及 Numpy 内置的数学与统计函数。

第 4 章　讲解了 Pandas 的使用方法，介绍了 Series 和 DataFrame 的概念，以及相关的操作方法。

第 5 章　讲解了如何使用 Matplotlib 库进行基本图形的绘制。

第 6 章　讲解了 Scikit 库的用法，并对机器学习的框架进行了系统的讲解。

第 7 章　介绍了机器学习常用数据集，包括 boston、diabetes、digits、iris、wine。

第 8 章　介绍了线性回归算法的理论知识，及其在糖尿病患者病情预测中的应用。

第 9 章　介绍了逻辑回归算法的理论知识，及其在二维鸢尾花分类中的应用。

第 10 章　介绍了神经网络算法的理论知识，分别进行了回归和分类的应用测试。

第 11 章　介绍了线性判别算法的理论知识，及其在花卉分类中的应用。

第 12 章　介绍了 K 最近邻算法的理论知识，及其在手写字体识别中的应用。

第 13 章　介绍了决策树方法的理论知识，及其在红酒分类中的应用。

第 14 章　介绍了贝叶斯算法的理论知识，及其在文本分类中的应用。

第 15 章　介绍了支持向量机的理论知识，及其在鸢尾花分类中的应用。

第 16 章　介绍了 PCA 降维算法的理论知识，及其在 iris 数据集可视化中的应用。

第 17 章　介绍了 SVD 奇异值分解的理论知识。

第 18 章　介绍了聚类算法的理论知识。

第 19 章　介绍了深度学习框架，包含了 TensorFlow、Keras、PyTorch 以及 Caffe。

本书读者对象

- 数据分析入门读者
- 机器学习入门读者
- 人工智能入门读者
- 深度学习入门读者
- 数据挖掘入门读者
- Python 编程入门读者
- 其他对机器学习有兴趣的读者

目 录

第1章
环境配置与准备知识

本章将带领大家一起配置机器学习的开发环境。环境的配置包含 Python 的安装、IDE 的选择以及相关依赖包的安装。

然后，本章会对机器学习的相关术语进行介绍，比如什么是机器学习、深度学习和人工智能，它们的关系是什么。

1.1 环 境 配 置

本书中使用的 Python 版本是 3.x 版。读者可以登录 Python 的官方网站进行下载。

本书中用到的第三方库都可以通过 pip 命令进行安装。假如我们需要安装 Pandas，只需在命令行窗口中输入 pip install pandas 命令即可。

不过，并不建议读者一步一步进行配置，因为有更好的方法，那就是 Anaconda。Anaconda 是一个 Python 库的集合，它包含了进行科学计算的几乎所有的库，并提供了 Spyder 这样的工具（见图 1.1）。本书内容就是以 Anaconda 为基础实践完成的。

图 1.1　Spyder 界面

1.2　机器学习相关概念

在正式进入学习之前，我们首先对机器学习的相关概念做一个梳理，这些概念将贯穿于之后的学习过程中。

根据是否有明确的学习目标（因变量 Y），我们将机器学习分为有监督学习（Supervised Learning）和无监督学习（Unsupervised Learning）。有监督学习常被称为分类（Classification），而无监督学习常被称为聚类（Clustering）。

1.2.1　机器学习中的数据

在机器学习中，处理的数据格式和 Excel 表格或者结构化数据表格相同，只是对细节的叫法有所差异。

假设我们有表 1.1 这样的表格，首先，在 Excel 中，我们会简单地使用行和列来对应相应的数据；在结构化数据库中我们将一行称为一条记录，将一列称为一个字段。

在表 1.1 中，一共有 3 行 4 列数据。在机器学习中，我们将行称为样本（Sample）或者实例（Instance）；将列称为特征（Feature）或者属性（Attribute）。如何理解特征或者属性呢？特征和属性其实就是每个样本的特点，比如在表 1.1 中，每个样本都会有性别、体重、身高三个特征。如果此时给出一组数据，只有身高和体重，那么我们就可以根据身高和体重，来判断这个同学的性别。

在本书中，我们统一将行称为样本，将列称为特征。

表 1.1　　　　　　　　　　　　机器学习中的数据

学号	性别	体重（kg）	身高（cm）
100001	男	80	180
100002	女	53	167
100003	男	72	175

但是在实际工作中，数据并不总像表 1.1 中那么工整，这就需要对原始数据进行一系列清洗和转换。这个清洗和转换的过程被称为数据的预处理。

数据的预处理包含以下几个步骤。

1. 数据清洗

得到的数据有时会很"脏"，比如有缺失值、有异常值，如表 1.2 所示。

表 1.2　　　　　　　　　　　　脏数据处理

学号	性别	体重（kg）	身高（cm）
100001	男	Null	180
100002	女	53	167
100003	男	72	210

可以看到，学号 100001 的同学的体重是空值；学号 100003 同学的身高高得异常。当我们遇到这样的样本时，最简单的方法就是将这些样本点去掉；但是这样会浪费该样本点其他已有的信息，特别是在只有少量样本的情况下。

除了删除异常样本点，还可以进行插值操作，即将空值和异常值插补为一个比较合适的值，比如可以用该特征的均值进行插值。

2. 特征提取

通过表 1.3 的数据，我们想通过每个人的喜好、体重、身高来预测其性别。我们不会将"篮球""乒乓球""足球"直接输入给模型，而要将它们转换成数字，如表 1.4 所示，例如，将篮球替换为 0，将乒乓球替换为 1，将足球替换为 2。这样做的原因是：算法的本质是数值的计算。

表 1.3　　　　　　　　　　　　未经处理的数据

学号	喜好	性别	体重（kg）	身高（cm）
100001	篮球	男	Null	180
100002	乒乓球	女	53	167
100003	足球	男	72	210

表 1.4 用数字替代喜好的类别

学号	喜好	性别	体重（kg）	身高（cm）
100001	0	男	Null	180
100002	1	女	53	167
100003	2	男	72	210

但是这样的转换仍有问题，如果这样编号，似乎就在暗示篮球和足球的距离比较大，而乒乓球与两者的距离较小，都是 1，如表 1.5 所示。

表 1.5 不同类别的距离

喜好	喜好	距离
篮球	乒乓球	1
乒乓球	足球	1
足球	篮球	2

但显然没有这样的距离差距，三者之间的距离是相同的。那么我们应该如何表示这样的关系呢？在机器学习中，这种情况经常用 one-hot 编码来处理。经过 one-hot 编码之后，该数据就变成了表 1.6 所示的样子。

表 1.6 one-hot 编码后的数据

学号	篮球	乒乓球	足球	性别	体重（kg）	身高（cm）
100001	1	0	0	男	Null	180
100002	0	1	0	女	53	167
100003	0	0	1	男	72	210

这样编码之后，各个类别的距离就都相等了。

在文本处理过程中，我们会将文本处理成表 1.6 所示的结构化数据表，将每个词作为一个特征；在图像处理过程中，我们会将一个像素作为一个特征来处理。具体方法可以参考本书第 12 章——K 最近邻分类的相关知识以及手写字体识别的实战案例。

1.2.2 训练集和测试集

我们得到数据之后，并不直接将所有的数据都用来进行模型训练，因为对这样训练出来的模型，我们无法知道它的优劣。如果等到投入生产时才知道，那就为时已晚了。

所以我们要将数据分为训练集和测试集。训练集顾名思义就是训练模型用的数据，一般我们在整体数据中随机采样获得训练集；而测试集则是整体数据中除去训练集的部分。

训练集和测试集的大小并没有固定的比例，如 9∶1 或 8∶2，这样的分法都是可以的，甚至可以只用一个样本作为测试集。

具体的操作方法可以参考本书第 6 章的相关知识。

1.2.3　欠拟合与过度拟合

欠拟合是指所训练的模型在训练集中就已表现得很差，即准确度很低。

过度拟合则是指所训练的模型在训练集上表现得非常优秀，可以有效地区分每一个样本，但在测试集上表现得十分糟糕。

所以我们在训练模型的时候，不能一味追求训练集上好的模型指标，而要在测试集上不断调试。

1.2.4　人工智能、机器学习、深度学习

人工智能（Artificial Intelligence，AI）、机器学习（Machine Learn）和深度学习（Deep Learn）是最近火热的词语，但是很多读者并不清楚它们之间的关系，我们可以简单地认为人工智能包含了机器学习，而机器学习又包含了深度学习。

人工智能更偏向于应用方面，比如语音识别、图像识别、智能聊天机器人等；而机器学习则更偏向于理论，比如图像识别技术应用的是卷积神经网络（CNN）的机器学习算法，本书中也会用到机器学习中的 K 最近邻算法来做简单的字体识别；深度学习则是机器学习的一个分支，可以简单地理解为深度学习就是有多个隐藏层的神经网络算法。

第2章
Python 基础知识

本章将介绍 Python 的基础知识，其中包含变量、操作符、字符串、列表、集合、字典、循环语句、判断语句、函数和对象。

因为本书编写的目的并不是介绍 Python 语言本身，而是把 Python 当作工具，所以 Python 相关内容只是简单列举和说明。

2.1 hello world!

在控制台输入 hello world! 后打印，这种输出又称为标准输出，当然，也可以将结果保存至硬盘。这里需要注意的是，hello world!是一个字符串，所以它的两边要用双引号包裹。特别需要注意的是，在编程的过程中，使用的所有符号都是英文符号。

```
In [1]: print("hello world!")
hello world!
```

2.2 变　　量

变量的作用是存储数值，变量就像是代数一样，比如有方程 $y = x + 1$,我们将 $x = 1$ 代入方程就可求得 $y = 2$。同样地，我们还可以令 $x = 2$ 或 $x = 3$，等等。

再比如，在下面的代码中，我们分别将 1 赋值给变量 a 和 b，然后就可以直接打印它们，并且用它们做基本的运算。

```
In [1]: a=1
In [2]: print(a)
1
In [3]: b=1
In [4]: print(b)
1
In [5]: c=a+b
In [6]: print(c)
2
```

变量不仅能存储数值，还能存储字符串，这将在后面的章节中进行详细讲解。

2.3　操　作　符

操作符类似于数学中的运算符号，它包含常用的加减乘除的基本方法，还有取余数、取整数的方法，此外还有逻辑运算的方法，如逻辑或、逻辑与、逻辑非。当然在进行逻辑运算前，我们首先要判断一个命题的真假，所以 Python 也提供了一些判断真假的操作符。

2.3.1　基本运算符

基本运算符包含加减乘除等符号。

1. + 加法

加法使用加号 "+" 连接两个数字。

```
In [1]: 1+1
Out[1]: 2
```

2. – 减法

减法使用减号 "–" 连接两个数字。

```
In [1]: 1-1
Out[1]: 0
```

3. * 乘法

乘法使用星号 "*" 连接两个数字。

```
In [1]: 2*3
Out[1]: 6
```

4．/ 除法

除法使用"/"号连接两个数字。

```
In [1]: 5/2
Out[1]: 2.5
```

5．// 除法，取整数部分

双斜杠"//"表示除法取整的运算，它会直接舍弃余数部分。

```
In [1]: 5//2
Out[1]: 2
```

6．% 除法，取余数部分

"%"则和"//"运算相对，它表示除法取余数的运算，舍弃整数部分。

```
In [1]: 5%2
Out[1]: 1
```

7．** 指数运算

双星号"**"表示指数运算。

```
In [1]: 4**2
Out[1]: 16
In [2]: 4**0.5
Out[2]: 2.0
```

2.3.2　比较运算符

比较运算符的特点是返回的都是布尔类型的数据（即真或假），它主要分为三类：判断是否、判断大小、判断包含。

1．is 是

判断是否相同。如果相同则返回 True，如果不相同则返回 False。

```
In [1]: 1 is 1
Out[1]: True
In [2]: 1 is 2
Out[2]: False
```

2．is not 不是

判断是否不同。如果不同则返回 True，如果相同则返回 False。

```
In [1]: 1 is not 2
Out[1]: True
In [2]: 1 is not 1
```

```
Out[2]: False
```

3. < 小于

判断是否小于。如果小于则返回 True，如果大于或等于则返回 False。

```
In [1]: 1 < 2
Out[1]: True
In [2]: 1 < 1
Out[2]: False
```

4. <= 小于等于

判断是否小于等于。如果小于等于则返回 True，如果大于则返回 False。

```
In [1]: 1 <= 1
Out[1]: True
In [2]: 1 <= 0
Out[2]: False
```

5. > 大于

判断是否大于。如果大于则返回 True，如果小于等于则返回 False。

```
In [1]: 1 > 0
Out[1]: True
In [2]: 1 > 2
Out[2]: False
```

6. >= 大于等于

判断是否大于等于，如果大于等于则返回 True，如果小于则返回 False。

```
In [1]: 1 >= 1
Out[1]: True
In [2]: 1 >= 0
Out[2]: True
```

7. != 不等于

判断是否不等于。如果不等于则返回 True，如果等于则返回 False。

```
In [1]: 1 != 2
Out[1]: True
In [2]: 1 != 1
Out[2]: False
```

8. == 等于

判断是否等于。如果等于则返回 True，如果不等于则返回 False。

我们一般使用 "==" 来判断两个数值是否相同，而使用 "is" 主要判断字符串是否相同，以及对象地址是否相同。

```
In [1]: 1 == 1
Out[1]: True
In [2]: 1 == 2
Out[2]: False
```

9. in 在里面

判断是否包含。如果包含则返回 True，如果不包含则返回 False。

```
In [1]: a=[1,2]
In [2]: 1 in a
Out[2]: True
In [3]: 3 in a
Out[3]: False
```

10. not in 不在里面

判断是否不包含。如果不包含则返回 True，如果包含则返回 False。

```
In [1]: a=[1,2]
In [2]: 3 not in a
Out[2]: True
In [3]: 1 not in a
Out[3]: False
```

2.3.3 逻辑运算符

逻辑运算符可以理解为是对布尔值的运算。

1. not 逻辑非

非真则返回 False，非假则返回 True。

```
In [1]: not True
Out[1]: False
In [2]: not False
Out[2]: True
```

2. or 逻辑或

有一个为真则返回真，两个同时为假则返回假。

```
In [1]: True or False
Out[1]: True
In [2]: True or True
Out[2]: True
```

```
In [3]: False or False
Out[3]: False
```

3. and 逻辑与

两个同时为真则返回真，一真一假则返回假，两个同时为假则返回假。

```
In [1]: True and False
Out[1]: False
In [2]: True and True
Out[2]: True
In [3]: False and False
Out[3]: False
```

2.4　字　符　串

字符串是所有编程语言中处理最多的对象。如果操作符主要对应现实中的数学问题，那么我们就可以把字符串的操作当成现实中的语文问题来对待。不过，字符串和现实中的语文不一样，例如，在现实世界中换行很容易，不需要任何标注；而在编程的世界中我们则需要特殊的字符来标注 "这里需要换行"。在编程的世界里，这样的标注字符称为转义字符，转义字符除了能标明换行外，还有很多其他的作用。

2.4.1　基础

字符串可以用双引号、单引号和三引号表示。双引号和单引号的效果一样，而三引号可以用于多行。

```
In [1]: "hello world"
Out[1]: 'hello world'
In [2]: 'hello world'
Out[2]: 'hello world'
In [3]: """
   ...: hello
   ...: world
   ...: """
Out[3]: '\nhello\nworld\n'
```

在一些情况下，要输入的字符串本身就含有单引号或者双引号，这时就需要将单引号、双引号和三引号复用。

```
In [1]: """
   ...: 'hello' "world"
   ...: """
Out[1]: '\n\'hello\' "world"\n'
```

可以看到，在三引号里，回车换行被\n 所代替，这里的\n 就是转义字符，它代表在这里要换行。

2.4.2　转义字符

通常使用反斜杠"\"对特殊字符进行转义。所谓的转义字符就是指那些我们不可以直接写出的符号。比如换行，在真实书写的时候，我们可以直接换行，如在 Word 中敲击 Enter 键，但是在编程时，计算机读取的始终是一连串的编码，所以需要用特殊的字符来表明哪些地方需要换行。

由于所有的字符都已经有了它自己的含义，我们又没有必要新造出字符来表示这些特殊符号，所以我们使用"\"来表示，如"\n"就表示了换行。

```
In [1]: print("first\nsecond")
first
second
```

我们在 first 和 second 两个单词中间插入了\n，这时我们在打印时，结果不是"first\nsecond"，而是将\n 表示为了换行。

如果不想转义，可以在字符串前面使用 r，则表示原始（raw）字符串，即不识别转义字符。

```
In [1]: print(r"first\nsecond")
first\nsecond
```

常用的转义字符如表 2.1 所示。

表 2.1　　　　　　　　　　　　　　　　常用的转义字符

转义序列	含义
\\	反斜杠（\）
\'	单引号（'）
\"	双引号（"）
\a	响铃（BEL）
\b	退格（BS）
\f	换页（FF）
\n	换行（LF）
\r	回车（CR）
\t	水平制表（TAB）
\v	垂直制表（VT）

2.4.3　索引和切片

可以通过索引获得字符串单个字符的值，也可通过切片获得子字符串的值。

1. 索引

字符串索引从 0 开始，长度可以通过内置函数 len() 获得，也可以用负索引，如表 2.2 所示。

表 2.2　　　　　　　　　　　　　　　　　索引

字符串	P	Y	T	H	O	N
正索引	0	1	2	3	4	5
负索引	−6	−5	−4	−3	−2	−1

代码如下：

```
In [1]: a="python"
In [2]: len(a)
Out[2]: 6
```

python 总共有 6 个字母，所以它的长度是 6，它的索引是从 0 开始，一直到 5。

```
In [3]: a[0]
Out[3]: 'p'
```

因为字母 p 是 python 的第一个字母，所以它的索引是 0，用 a[0] 可以得到这个字母。同样的道理，我们还可以通过其他索引获得相应的字母。

```
In [4]: a[1]
Out[4]: 'y'
In [5]: a[5]
Out[5]: 'n'
```

索引除了能够正索引外，还可以负索引，这是 Python 编程语言的一大特点。比如字母 n 在python 中，除了可以用 a[5] 来索引，还可以通过 a[−1] 来索引，因为字母 n 也是 python 单词的最后一个字母。

```
In [6]: a[-1]
Out[6]: 'n'
```

2. 切片

切片指通过索引，同时取出多个值。在使用切片的时候需要注意，切片的右边是取不到的。

```
In [1]: a="python"
```

a[0:1] 是指从索引为 0 的位置开始提取，一直提取到 1 的位置，但是 1 所对应的位置并不包含。所以我们只会取到字母 p，而不会取到字母 y。

```
In [2]: a[0:1]
Out[2]: 'p'
In [3]: a[0:5]
Out[3]: 'pytho'
```

如果我们想取到某个位置之后所有的值，我们只需省略冒号之后的索引值。

```
In [4]: a[0:]
Out[4]: 'python'
```

在切片中我们也可以使用负索引。

```
In [5]: a[0:-1]
Out[5]: 'pytho'
```

2.4.4 字符串方法

字符串大概是所有编程语言处理最多的对象，因为编程语言处理中都需要通过字符串进行交互。

1. 大小写转换

capitalize 方法可以将字符串内的首字母变为大写。我们对 hello python 调用 capitalize 方法，则返回的字符串会将第一个字母 h 变为大写的 H。

```
In [1]: "hello python".capitalize()  # 首字母大写
Out[1]: 'Hello python'
```

upper 方法则可以将字符串中所有的字母都变为大写。我们对 hello python 调用 upper 方法，返回的字符串中所有的字母会变为大写，变为 HELLO PYTHON。

```
In [2]: "hello python".upper()  # 全部大写
Out[2]: 'HELLO PYTHON'
```

isupper 方法是用来判断字符串中所有的字母是否都是大写。如果全部是大写，则返回 True，如果不是则返回 False。

```
In [3]: "HELLO PYTHON".isupper()   # 是否全部大写
Out[3]: True
```

既然有了 upper 方法，将所有的字母变为大写，则对应的 lower 方法则是将所有的字母变为小写。类似地，islower 方法是用来判断所有的字母是否全部为小写。

```
In [4]: "HELLO PYTHON".lower()  # 全部小写
Out[4]: 'hello python'
In [5]: "hello python".islower()  # 是否全部小写
Out[5]: True
```

swapcase 方法是将大写字母转换为小写字母，并将小写字母转换为大写字母。比如在 HELLO python 中，swapcase 方法会将 HELLO 转换为 hello，而将 python 转换为 PYTHON。

```
In [6]: "HELLO python".swapcase()   # 大小写互换
Out[6]: 'hello PYTHON'
```

title 方法会将每个单词的首字母大写。比如在 hello python 中，有两个单词 hello 和 python，title 方法会分别将二者的第一个字母 h 和 p 转换为大写的 H 和 P。

```
In [7]: "hello python".title()   # 各个单词首字母大写
Out[7]: 'Hello Python'
```

istitle 方法用来判断字符串中每个单词的首字母是否是大写。如果全部都是大写则返回 True，如果不是则返回 False。

```
In [8]: "Hello Python".istitle()   # 是否各个单词首字母大写
Out[8]: True
```

2. 补全

center 方法是将原有的字符居中，在两边填充空格，使得字符串的总长度变为指定的长度。我们在 hello python 中调用 center 方法，则会将 hello python 居中，然后在左右填充空格，使得整个字符串变为 20 个长度。

```
In [1]: "hello python".center(20)   # 中心填充为 20 个长度
Out[1]: '    hello python    '
```

zfill 方法是在原有字符串的左边填充 0，使得字符串的总长度变为指定的长度。我们在 hello python 中调用 zfill 方法，则会在 hello python 的左侧填充 0，使得整个字符串变为 20 个长度。

```
In [2]: "hello python".zfill(20)   # 使用 0 填充为 20 个长度
Out[2]: '00000000hello python'
```

ljust 方法可以指定填充之后字符串的长度以及用什么字符填充，填充之后原字符串位于新字符串的左端。比如我们对 hello python 调用 ljust 函数，指定了填充的长度为 20，填充的字符为 x，则得到的结果是 hello pythonxxxxxxxx。

```
In [3]: "hello python".ljust(20,"x")   # 从左使用 x 填充为 20 个长度
Out[3]: 'hello pythonxxxxxxxx'
```

rjust 是 ljust 的对应方法，该方法将原字符串置于新字符串的右端。

```
In [4]: "hello python".rjust(20,"x")   # 从右使用 x 填充为 20 个长度
Out[4]: 'xxxxxxxxhello python'
```

strip 方法是字符串处理的常用方法，它可以将字符两端的空格去除。我们用 hello python 来进行测试，注意 hello python 的两端分别有一个空格，在调用 strip 方法之后，两端的空格会消失。

```
In [5]: " hello python ".strip()    # 去两边空白字符
Out[5]: 'hello python'
```

与 strip 方法对应，rstrip 方法是去除字符串右边的空格，lstrip 方法是去除字符串左边的空格。

```
In [6]: " hello python ".rstrip()    # 去右边空白字符
Out[6]: ' hello python'
In [7]: " hello python ".lstrip()    # 去左边空白字符
Out[7]: 'hello python '
```

3. 获得索引

2.4.3 节中讲述了如何通过索引获得相应位置的字母，相对应地，我们还可以通过字母获得该字母的索引。

find 方法和 index 方法可以从字符串的左边数，获得第一个对应字符的下标。比如在 hello python 中，我们调用 find 方法，获得 h 的下标是 0。

```
In [1]: "hello python".find("h")    # 从左边数 h 的下标
Out[1]: 0
In [2]: "hello python".index("h")   # 从左边数 h 的下标
Out[2]: 0
```

rfind 方法和 rindex 方法则是从字符串的右边数，获得第一个对应字符的下标。

```
In [3]: "hello python".rfind("h")    # 从右边数 h 的下标
Out[3]: 9
In [4]: "hello python".rindex("h")   # 从右边数 h 的下标
Out[4]: 9
```

可以看到，同样是查询 h 这个字母，在 find 和 index 的方法中返回的下标是 0，因为是从左边开始数，获得 hello 中的 h；而 rfind 和 rindex 方法是从右边开始数，获得 python 中的 h，所以下标是 9。

需要注意的是，空格也是字符。

4. 替换

\t 是制表符，它是一个符号，expandtabs 方法可以将该制表符换为空格。比如在 hello\tpython 中，我们将制表符\t 换成空格。

```
In [1]: "hello\tpython".expandtabs()    # 将制表符\t 换成空格
Out[1]: 'hello   python'
```

replace 是在处理字符串时常用的方法，我们可以指定将字符串中的子字符串替换成指定的字符串。比如我们想要将 hello python 中的 h 全部替换为 a，就可以通过 replace 方法来实现。

```
In [2]: "hello python".replace("h", "a")    # 替换字符
Out[2]: 'aello pytaon'
```

5. 分割字符串

partition 方法可以用指定字符从字符串的左侧分割字符串。在 hello python 中，我们使用空格来分割字符串，返回一个元组，元组的元素是分割后的字符串。

```
In [1]: "hello python".partition(" ")  # 从左使用空格分割
Out[1]: ('hello', ' ', 'python')
```

rpartition 方法是从字符串的右侧分割字符串。对 hello p ython 使用 rpartition 方法，将 p ython 中的空格作为分割点进行切分。

```
In [2]: "hello p ython".rpartition(" ")  # 从右使用空格分割
Out[2]: ('hello p', ' ', 'ython')
```

split 方法和 partition 方法类似，他们的区别是 partition 方法会保留分割字符的位置，而 split 方法不会，而且 split 方法会将所有符合的分割点都做切分。比如 hello p ython，split 方法会对所有的空格进行切分。

```
In [3]: "hello p ython".split(" ")   # 从左使用空格分割
Out[3]: ['hello', 'p', 'ython']
In [4]: "hello p ython".rsplit(" ")   # 从右使用空格分割
Out[4]: ['hello', 'p', 'ython']
```

splitlines 方法是对换行符进行切分，它等效于 split("\n")。

```
In [5]: "hello\npython".splitlines()  # 使用换行符分割
Out[5]: ['hello', 'python']
```

6. 其他

startwith 方法用来确定一个字符串是否以某个字符开头。比如 hello python 是以 h 开头的，可以调用 startwith 方法来判别。

```
In [1]: "hello python".startswith("h")  # 是否以 h 开头
Out[1]: True
```

endswith 方法和 startwith 方法对应，判断字符串是否以某个字符结尾。

```
In [2]: "hello python".endswith("n")  # 是否以 n 结尾
Out[2]: True
```

isalnum 方法用来判断字符串是否是字母和数字的组合。比如 hellopython1 是字母 hellopython 和数字 1 的组合，所以调用该方法会返回 True。

```
In [3]: "hellopython1".isalnum()  # 是否是字符和数字的组合
Out[3]: True
```

isalpha 方法用来判断字符串是否全部为字母。比如 hellopython 全部都是字母，所以调用 isalpha 方法会返回 True。

```
In [4]: "hellopython".isalpha()   # 是否全是字母
Out[4]: True
```

isdecimal 方法用来判断字符串是否全部为数字。比如 12314 全部为数字，所以调用 isdecimal 方法会返回 True。isdigit 方法和 isnumeric 方法也是用来判断字符串是否全部为数字。

```
In [5]: "12314".isdecimal()   # 是否全是数字
Out[5]: True
In [6]: "12314".isdigit()   # 是否全是数字
Out[6]: True
In [7]: "5437".isnumeric()   # 是否全是数字
Out[7]: True
```

isspace 用来判断字符串是否全部为空格，如果全部为空格则返回 True。

```
In [8]: "   ".isspace()   # 是否全是空格
Out[8]: True
```

join 方法也是常用方法，它的主要作用是将列表的元素连接起来。比如列表里有字符 a 和字符 b，我们调用 join 方法，将字符 a 和字符 b 用字符串 hello python 连接起来。

```
In [9]: "hello python".join(["a","b"])   # 连接列表
Out[9]: 'ahello pythonb'
```

encode 方法用来对字符串进行编码。

```
In [10]: "hello python".encode()   # 编码
Out[10]: b'hello python'
```

count 方法可以用来计算字符串中某个字符或子字符串出现过多少次，比如计算 hello python 中字母 l 出现的次数。

```
In [11]: "hello python".count("l")   # 查看l出现几次
Out[11]: 2
```

在 2.3.1 节中我们知道加号+用于计算数值的和，但是在字符串中加号是用来做字符串拼接的。比如我们可以将字符串 hello 和 python，用加号拼接为 hellopython。

```
In [12]: "hello" + "python"   # 拼接字符串
Out[12]: 'hellopython'
```

2.5 列　　表

列表可以存放多个元素，字符串就是一个特殊的列表，即存放字符的列表。所以列表也可以像字符串一样索引。

创建列表的常用方法有下面两种：一种是使用 list()方法，另一种是直接使用中括号。作者在编程过程中，更喜欢使用第二种方法。

```
a=list()
a=[]
```

接下来学习如何使用列表。列表的处理在编程过程中是十分重要的。

1. 尾部添加元素

我们有一个列表[1,2,3]，这时我们想在这个列表后面添加一个字符 x，只需要调用 append 方法即可。

可以看到，列表中可以存放不同类型的值。比如[1,2,3,'x']中前 3 个元素是数值，最后一个是字符。

```
In [1]: a=[1,2,3]
In [2]: a.append("x")
In [3]: a
Out[3]: [1, 2, 3, 'x']
```

2. 添加另一个列表

上面讲的 append 方法是用来添加元素的，如果想要将另一个列表中的元素添加到该列表中，就不能再使用 append 方法了，我们需要调用的是 extend 方法。extend 方法是将另一个列表拆开为一个一个元素，然后将它们一一添加到该列表中。比如我们想将 b 列表中的字符 x 和 y 添加到 a 列表中，就可以调用 extend 来实现。

```
In [1]: a=[1,2,3]
   ...: b=["x","y"]
In [2]: a.extend(b)
In [3]: a
Out[3]: [1, 2, 3, 'x', 'y']
```

3. 删除第一个符合要求的值

remove 方法可以用来删除列表中相应的元素。比如在列表[1,2,3]中，可以调用 remove 方法将元素 2 删除掉。

```
In [1]: a=[1,2,3]
In [2]: a.remove(2)
In [3]: a
Out[3]: [1, 3]
```

4. 删除最后一个元素并返回

pop 方法用来删除最后一个元素，并返回。比如在列表[1,2,3]中，可以调用 pop 方法获得最后一个元素 3，并将它删除。

```
In [1]: a=[1,2,3]
In [2]: a.pop()
Out[2]: 3
In [3]: a
Out[3]: [1, 2]
```

5. 清空列表

clear 函数可以清空列表中的值，清空之后列表将变为一个空的列表。

```
In [1]: a=[1,2,3]
In [2]: a.clear()
In [3]: a
Out[3]: []
```

6. 索引

index 方法用来获得列表中某个元素的索引，这个方法和字符串中的 index 方法是相似的。比如我们想要获得列表[1,2,3]中元素 2 的索引，最终的结果是 1。

```
In [1]: a=[1,2,3]
In [2]: a.index(2)
Out[2]: 1
```

7. 计数

count 方法用来计算列表中某个元素出现的次数，这个方法也和字符串中的 count 方法是相似的。

```
In [1]: a=[1,1,3]
In [2]: a.count(1)
Out[2]: 2
```

8. 排序

sort 方法是将列表的元素按一定顺序进行排序，默认是升序。比如列表[3,2,1]调用 sort 方法后就可以按升序排列为[1,2,3]。

```
In [1]: a=[3,2,1]
In [2]: a.sort()
In [3]: a
Out[3]: [1, 2, 3]
```

9. 反转

reverse 方法是将列表中的元素反向排序，比如列表[1,2,3]调用 reverse 方法之后就可以按降序排列为[3,2,1]。

```
In [1]: a=[1,2,3]
In [2]: a.reverse()
In [3]: a
Out[3]: [3, 2, 1]
```

10. 复制

copy 方法是将一个列表进行复制。

```
In [1]: a=[1,2,3]
In [2]: a.copy()
Out[2]: [1, 2, 3]
```

元组可以看作是列表的特殊形式，它和列表的主要差别是它不能改变，比如不能使用 append、insert 等方法。元组的创建有下面两种方法。

```
a=tuple()
a=()
```

2.6　集　　合

集合的元素不会重复且没有顺序，所以不能索引。集合的主要作用是去重，以及求交集、并集、差集。

创建集合的方法只有一种，就是使用 set()方法。

```
a=set()
```

在 Python 中，集合的使用虽然不如列表和元组那么常见，但是在处理集合关系时十分方便。

```
In [1]: a=set("python")
In [2]: a
Out[2]: {'h', 'n', 'o', 'p', 't', 'y'}
In [3]: b=set("snake")
In [4]: b
Out[4]: {'a', 'e', 'k', 'n', 's'}
```

求在 a 集合中且不在 b 集合中的元素。

```
In [5]: a - b   # 在 a 集合中且不在 b 集合中
Out[5]: {'h', 'o', 'p', 't', 'y'}
```

求在 a 集合中或者在 b 集合中的元素。

```
In [6]: a | b   # 在 a 集合中或者在 b 集合中
Out[6]: {'a', 'e', 'h', 'k', 'n', 'o', 'p', 's', 't', 'y'}
```

求在 a 集合中且在 b 集合中的元素。

```
In [7]: a & b   # 在a集合中且在b集合中
Out[7]: {'n'}
```

求在 a 集合中或者在 b 集合中，且不同时在 a 集合与 b 集合中的元素。

```
In [8]: a ^ b   # 在a集合中或者在b集合中，且不同时在a集合与b集合中
Out[8]: {'a', 'e', 'h', 'k', 'o', 'p', 's', 't', 'y'}
```

2.7　字　　典

字典是键值对的集合。键是唯一的，且不能索引。创建字典的方法有下面两种：一种是使用 dict()方法，另一种是使用大括号。作者更喜欢用第二种方法创建字典。

```
a=dict()
a={}
```

字典在编程中的使用频率和列表都很高，特别是在与其他语言的交互过程中，比如在网络通信中经常使用到 json 格式的数据，json 的数据格式和字典就是一样的。

1. 查看所有键

```
In [1]: a={"x":"1","y":"2"}
```

keys 方法可以查看一个字典中所有的键，返回的是列表的形式。可以看到字典 a 有两个键，分别是字符 x 和字符 y。

```
In [2]: a.keys()
Out[2]: dict_keys(['x', 'y'])
```

2. 查看所有值

```
In [1]: a={"x":"1","y":"2"}
```

values 方法可以获得字典中所有的值，返回的是列表的形式。可以看到字典 a 有两个值，分别是字符 1 和字符 2。

```
In [2]: a.values()
Out[2]: dict_values(['1', '2'])
```

3. 查看所有键值，以列表嵌套元组的形式返回

```
In [1]: a={"x":"1","y":"2"}
```

items 方法可以返回键值对的组合，返回的是列表的形式，列表中的元素是元组，元组包含了键和值，第一个位置是键，第二个位置是值。可以看到字典 a 包含了两个元素，分别是('x', '1')和 ('y', '2')。

```
In [2]: a.items()
Out[2]: dict_items([('x', '1'), ('y', '2')])
```

4. 查看字典中某个元素

```
In [1]: a={"x":"1","y":"2"}
```

可以像索引列表一样索引字典中的元素。不过这里的索引不再是 0,1,2,3，而是对应的键。比如我们想要获得键 x 对应的值，则需要输入 a["x"]。

```
In [2]: a["x"]
Out[2]: '1'
```

除了像列表那样索引对应的值之外，还可以通过 get 方法获得对应的值。比如我们想要获得键 x 对应的值，则需要输入 get("x")。

```
In [3]: a.get("x")
Out[3]: '1'
```

5. 删除字典中所有元素

```
In [1]: a={"x":"1","y":"2"}
```

和列表一样，我们可以使用 clear 方法将字典中的所有元素删除。

```
In [2]: a.clear()
In [3]: a
Out[3]: {}
```

6. 删除指定元素

```
In [1]: a={"x":"1","y":"2"}
```

在字典中删除一个指定键值对需要调用系统的 del 关键字，del 并不是一般意义上的方法。比如我们想要删除字典 a 中键为 x 的元素，可以使用 del。

```
In [2]: del a["x"]
In [3]: a
Out[3]: {'y': '2'}
```

7. 弹出指定键

```
In [1]: a={"x":"1","y":"2"}
```

pop 方法类似于列表中的 pop 方法。需要注意的是，这里的 pop 方法需要指定弹出的键的名称，而不是像列表中的 pop 方法一样弹出最后一个元素。

```
In [2]: a.pop("x")
Out[2]: '1'
In [3]: a
Out[3]: {'y': '2'}
```

8. 弹出任意键值

```
In [1]: a={"x":"1","y":"2"}
```

popitem 方法可以弹出一个键值对，因为字典的键是没有顺序的，所以随机弹出一个键值对。比如 a 字典调用 popitem 方法，会弹出('y', '2')。

```
In [2]: a.popitem()
Out[2]: ('y', '2')
In [3]: a
Out[3]: {'x': '1'}
```

9. 复制字典

```
In [1]: a={"x":"1","y":"2"}
```

下面的 copy 方法和列表中的 copy 方法类似，都是复制内容。

```
In [2]: a.copy()
Out[2]: {'x': '1', 'y': '2'}
```

10. 更新值

```
In [1]: a={"x":"1","y":"2"}
```

update 方法用来更新一个键值对的值。比如我们可以更改字典 a 中键 x 对应的值，将字符 1 变为字符 3。

```
In [2]: a.update({"x":"3"})
In [3]: a
Out[3]: {'x': '3', 'y': '2'}
```

2.8 循 环 语 句

循环语句的作用是让某个代码块循环执行，包含 for 语句、while 语句、break 语句、continue 语句等。

1. for 语句

可以把 for 语句理解为遍历。下面这两行代码的意思是遍历[1,2,3]中每个元素，然后打印它们。

```
In [1]: for x in [1,2,3]:
   ...:         print(x)
1
2
3
```

2. while 语句

可以把 while 语句理解为 "……条件成立，则一直执行"。下面的代码演示了 while 语句的作用，x 大于 3 则一直执行。

```
In [1]: x=10
In [2]: while x >3:
   ...:         print(x)
   ...:         x=x-1
10
9
8
7
6
5
4
```

3. break 语句

break 语句的作用是跳出循环，以后的循环也将不再执行。下面的代码在第一次循环执行到 print(x)时，跳出循环，print(x*x)不再执行，以后的循环也不再执行。

```
In [1]: for x in [1,2,3]:
   ...:         print(x)
   ...:         break
   ...:         print(x*x)
1
```

4. continue 语句

continue 语句的作用是跳出本次循环，以后的循环将继续执行。下面的代码在第一次执行到 print(x)时，跳出本次循环，print(x*x)不再执行，继续执行下一次循环。

```
In [1]: for x in [1,2,3]:
   ...:         print(x)
   ...:         continue
   ...:         print(x*x)
1
2
3
```

2.9　判　断　语　句

判断语句用于控制程序的执行流程，比如我们想让某一行代码在某个条件下执行，就可以使用 if 语句。

```
In [1]: if 2>1:
   ...:         print("2>1")
2>1
```

2>1 为真，所以执行了 print("2>1")。

```
In [1]: if 1>2:
   ...:         print("1>2")
```

1>2 为假，所以没有执行 print("1>2")。

也可以使用多重判断语句 elif。

```
In [1]: if 1>2:
   ...:         print("1>2")
   ...: elif 3>2:
   ...:         print("3>2")
3>2
```

2.10　函　　数

函数的出现是为了将常用的代码块打包，从而减少代码的重复编写。

有些时候，某些代码块要反复使用，我们可以把它封装成函数，比如下面的代码块。

```
In [1]: print("1")
1
In [2]: print("2")
2
In [3]: print("3")
3
```

通过函数我们可以把它们整合到一起，这时只需要调用一次该函数即可。

```
In [1]: def main():
   ...:         print("1")
   ...:         print("2")
   ...:         print("3")
In [2]: main()
1
2
3
```

还可以向函数里赋值。

```
In [1]: def main(a,b,c):
   ...:         print(a)
   ...:         print(b)
   ...:         print(c)
In [2]: main(a=2,b=1,c=3)
2
1
3
```

函数还可以有返回值。

```
In [1]: def main(a,b,c):
   ...:         d=a+b+c
   ...:         return d
In [2]: x=main(a=1,b=2,c=3)
In [3]: x
Out[3]: 6
```

需要注意的是，函数里的变量只属于函数，不与函数外的同名变量冲突。

Python 语言常用的内置函数如下。

abs 函数用来求一个数值的绝对值。比如求-1 的绝对值就可以调用 abs 方法。

```
In [1]: abs(-1)    # 返回绝对值
Out[1]: 1
```

all 函数也是属于逻辑判断的一种，它主要用来判断一个列表中的所有值是不是全部为真，如果全部为真则返回 True，如果不全为真则返回 False。

```
In [2]: all([True,False])    # 所有为真，才为真
Out[2]: False
```

any 函数也是属于逻辑判断的一种，它主要用来判断一个列表中的所有值是不是存在为真的

元素，如果存在则返回 True，如果全部是假才返回 False。

```
In [3]: any([True,False])  # 一个为真，即为真
Out[3]: True
```

divmod 方法用来做除法，返回的是商的整数和余数部分。返回的形式是元组，商在第一位，余数在第二位。

```
In [4]: divmod(5, 2)  # 返回商的整数和余数部分
Out[4]: (2, 1)
```

len 方法用来计算列表的长度。

```
In [5]: len([1,2,3,4,5])  # 返回对象的长度
Out[5]: 5
```

max 方法用来返回列表中的最大值。

```
In [6]: max([1,2,3,4,5])  # 返回最大值
Out[6]: 5
```

min 方法用来返回列表中的最小值。

```
In [7]: min([1,2,3,4,5])  # 返回最小值
Out[7]: 1
```

pow 方法用来计算指数。

```
In [8]: pow(2,3)  # 指数
Out[8]: 8
```

print 函数用来向控制台输出结果。

```
In [9]: print("a")  # 打印
a
```

range 方法用来生成列表。

```
In [10]: range(1,10)  # 生成迭代器
Out[10]: range(1, 10)
```

round 方法用来求约数。

```
In [11]: round(2.7)  # 四舍五入
Out[11]: 3
```

zip 方法用来打包两个列表。我们知道 extend 方法是做横向拼贴，而 zip 方法则是在纵向上将两个列表进行拼贴。

```
In [12]: zip([1,2,3],["x","y","z"])  # 包装两个迭代对象
Out[12]: <zip at 0x8b02b08>
```

sum 方法用来求和。

```
In [13]: sum([1,2,3,4,5])  # 求和

Out[13]: 15
```

sorted 方法用来对元素进行排序。

```
In [14]: sorted([5,4,3,2,1])  # 排序

Out[14]: [1, 2, 3, 4, 5]
```

reversed 方法用来对列表进行反转。

```
In [15]: reversed([1,2,3,4,5])  # 反转

Out[15]: <list_reverseiterator at 0x8813198>
```

2.11　面向对象编程

面向对象是现在比较常见的编程思想，可以把对象简单理解为变量和函数的组合。在对象里，变量又称为属性，函数又称为方法。下面是一个示例。

定义一个学生的类 student。第 1 个方法__init__用来对该类的对象进行初始化，比如可以设置学生类的姓名和年龄。

第 2 个方法 get_age 用来打印对象的年龄，其中 self 指代该对象。

第 3 个方法 set_age 用来设置对象的年龄。

```
In [1]: class student:
   ...:     def __init__(self,name,age):  #初始化对象的属性
   ...:         self.name=name
   ...:         self.age=age
   ...:     def get_age(self):
   ...:         print(self.age)
   ...:     def set_age(self,age):
   ...:         self.age=age
```

这里，我们根据学生的类创建了一个学生的对象，这个对象的名字是 xiaowang，年龄是 10。可以通过 get_age 方法获得该学生的年龄，当然也可以直接用属性的方式获得该对象的年龄属性。

```
In [2]: a=student(name="xiaowang",age=10)

In [3]: a.age

Out[3]: 10
```

```
In [4]: a.get_age()
```
```
10
```

可以调用设置好的 set_age 方法来更新该对象的年龄。

```
In [5]: a.set_age(age=20)
```
```
In [6]: a.get_age()
```
```
20
```

第3章
数值计算扩展工具——Numpy

Numpy 是 Python 生态环境中重要的科学计算工具，本书讲解的 Pandas、Matplotlib 以及 Scikit 中都能见到它的身影。通过 Numpy 我们可以生成模拟数据，比如随机生成一个数，随机生成一个服从正态分布的随机数。Numpy 中还提供了一些数学计算方法，与 Python 自带的 Math 模块相比，它更高效。此外，Numpy 还提供了统计学和线性代数常用的函数。

3.1　创　建　数　组

在进行数学运算之前我们首先要创建数组，数组就是数的集合，其中的数按照一定的规则排序。比较常见的是二维数组，二维数组包含了行和列。

Numpy 中创建数组的方式主要有以下两种。

（1）创建元素为 0 或 1 的数组。

（2）将已有的数据转换为数组，比如将列表转换为数组。

3.1.1　创建元素为 0 或 1 的数组

Numpy 提供了一些方法让我们创建元素全为 1 和 0，或者任意指定的数的数组。其中，empty 方法生成的元素是随机数。

```
In [1]: import numpy as np
```

empty 方法中传入 shape 参数来指定生成数组的形状，这里我们传入(3,3)用来生成一个 3 行 3 列的数组。

```
In [2]: np.empty(shape=(3,3))    # 创建一个 3 行 3 列的数组
Out[2]:
array([[3.45845952e-323, 0.00000000e+000, 0.00000000e+000],
       [0.00000000e+000, 0.00000000e+000, 6.54142915e-321],
       [4.83245800e+276, 1.69600404e+161, 1.27849494e-152]])
```

eye 方法可以用来创建一个对角线元素全为 1 的数组，我们可以传入参数 3 来生成一个 3 行 3 列、对角线元素全为 1、其他元素全为 0 的数组。

```
In [3]: np.eye(3)    # 创建对角线元素全为 1 的二维数组
Out[3]:
array([[1., 0., 0.],
       [0., 1., 0.],
       [0., 0., 1.]])
```

identity 方法用来创建单位矩阵，我们可以传入参数 3 来生成一个 3 行 3 列的单位矩阵。

```
In [4]: np.identity(3)    # 创建单位矩阵
Out[4]:
array([[1., 0., 0.],
       [0., 1., 0.],
       [0., 0., 1.]])
```

ones 方法可以用来生成元素全部为 1 的数组，参数 shape 用来指定生成数组的形状，比如要生成一个 2 行 4 列的数组，我们就需要传入(2,4)作为参数。

```
In [5]: np.ones(shape=(2,4))    # 创建元素全为 1 的数组
Out[5]:
array([[1., 1., 1., 1.],
       [1., 1., 1., 1.]])
```

同样地，还可以生成元素全部为 0 的数组，这里可以使用 zeros 方法，同样使用 shape 参数指定数组的形状。

```
In [6]: np.zeros(shape=(4,2))    # 创建元素全为 0 的数组
Out[6]:
array([[0., 0.],
       [0., 0.],
       [0., 0.],
       [0., 0.]])
```

full 方法是一个通用的方法。与 ones 方法和 zeros 方法不同的是，ones 方法是生成全部为 1 的数组，zeros 方法是生成全部为 0 的数组，而 full 方法则可以通过指定参数 fill_value 来生成指定元素的数组，比如生成一个元素全部为 2 的 3 行 3 列的数组。

```
In [7]: np.full(shape=(3,3),fill_value=2)   # 创建元素全为 fill_value 的 3 行 3 列的数组
Out[7]:
array([[2, 2, 2],
       [2, 2, 2],
       [2, 2, 2]])
```

3.1.2 将列表转换为数组

有些时候，我们得到的数据并不是 Numpy 中数组的形式，此时可以通过 Numpy 中的 array 方法将其他形式的数据转换为 Numpy 中数组的形式，比如可以将 Python 中内置的 list 列表结构转换为数组。示例代码如下。

```
In [1]: import numpy as np
```

将列表[1,2,3]转换为数组的形式。

```
In [2]: np.array([1,2,3])   # 创建一维数组
Out[2]: array([1, 2, 3])
```

将嵌套列表转换为二维数组。

```
In [3]: np.array([[1,2,3],
   ...:           [4,5,6]
   ...:          ])   # 创建二维数组
Out[3]:
array([[1, 2, 3],
       [4, 5, 6]])
```

3.1.3 生成一串数字

有些时候，我们需要生成一些连续的数字，Numpy 提供了相应的方法。注意这里我们称"生成一串数字"，而不是"生成一维数组"，因为生成的结果并没有维度的信息。

```
In [1]: import numpy as np
```

arange 方法类似于 Python 中自带的 range 函数。参数 start 用来指定起始的值，参数 stop 用来指定结束的值，而参数 step 则用来指定步长，比如我们想要生成一个起始值为 1，终止值为 10，步长为 2 数组。

```
In [2]: np.arange(start=1,stop=10,step=2)   # 起始值为 1，终止值为 10，步长为 2
Out[2]: array([1, 3, 5, 7, 9])
```

linspace 方法也用来生成一个序列，与 arange 方法不同的是，它没有设置步长，而是设置了一个数。参数 start 用来设置起始的值，参数 stop 用来设置结束的值，参数 num 用来设置一共生

成多少个数。比如我们想要生成一个起始值为 1，终止值为 10，总共 5 个数的数组。

```
In [3]: np.linspace(start=1,stop=10,num=5) # 起始值为 1，终止值为 10，总共 5 个数
Out[3]: array([ 1.  ,  3.25,  5.5 ,  7.75, 10.  ])
```

logspace 方法类似于 linspace，不过是以 log 为刻度。

```
In [4]: np.logspace(start=1,stop=10,num=5)  # 类似于 linspace，但是以 log 为刻度
Out[4]:
array([1.00000000e+01, 1.77827941e+03, 3.16227766e+05, 5.62341325e+07,
       1.00000000e+10])
```

3.1.4 生成特殊数组

我们还可以生成一些特殊的数组，比如根据对角线元素生成数组，或者提取数组的对角线元素等。

```
In [1]: import numpy as np
```

diag 方法用来生成对角矩阵。diag 方法传入的参数是列表，这个列表是生成数组的对角线元素，其他位置的元素全部为 0。

```
In [2]: np.diag([1,2,3,4])  # 生成对角矩阵
Out[2]:
array([[1, 0, 0, 0],
       [0, 2, 0, 0],
       [0, 0, 3, 0],
       [0, 0, 0, 4]])
```

diag 方法还可以将数组作为参数传入，这个时候 diag 方法的作用就是提取数组的对角线元素。

```
In [3]: np.diag([[1,2,3],
   ...:          [4,5,6],
   ...:          [7,8,9]])  # 提取对角线元素
Out[3]: array([1, 5, 9])
```

tri 方法可以用来生成三角矩阵。第 1 个参数是生成数组的行数，第 2 个参数是生成数组的列数，默认生成下三角矩阵。

```
In [4]: np.tri(3,5)  # 生成三角矩阵
Out[4]:
array([[1., 0., 0., 0., 0.],
       [1., 1., 0., 0., 0.],
       [1., 1., 1., 0., 0.]])
```

tril 方法是根据已知的矩阵生成一个三角矩阵。第 1 个参数是一个数组，第 2 个参数是下三角

矩阵的相对位置，-1 表示向下移动一个步长。

```
In [5]: np.tril([[1,2,3],
   ...:           [4,5,6],
   ...:           [7,8,9]],-1)  # 降位三角矩阵
Out[5]:
array([[0, 0, 0],
       [4, 0, 0],
       [7, 8, 0]])
```

triu 方法和 tril 方法是相对的，它是用来生成上三角矩阵的。

```
In [6]: np.triu([[1,2,3],
   ...:           [4,5,6],
   ...:           [7,8,9]],-1)  # 升位三角矩阵
Out[6]:
array([[1, 2, 3],
       [4, 5, 6],
       [0, 8, 9]])
```

3.2　数　组　索　引

数组的索引主要用来获得数组中的数据。在 Numpy 中数组的索引可以分为两大类：一是一维数组的索引；二是二维数组的索引。一维数组的索引和列表的索引几乎是相同的，二维数组的索引则有很大不同。

一维数组的索引和 Python 中 list 结构索引十分相似，需要注意在切片索引的时候末尾的下标是取不到的。示例代码如下。

```
In [1]: import numpy as np
In [2]: a = np.array([1,2,3,4,5,6])
In [3]: a[0]   # 下标为 0 的元素
Out[3]: 1
In [4]: a[-1]  # 下标为-1 的元素
Out[4]: 6
In [5]: a[1:3]  # 下标从 1 到 3 的切片，不包含 3
Out[5]: array([2, 3])
In [6]: a[2:]  # 下标从 2 到末端的切片
Out[6]: array([3, 4, 5, 6])
```

```
In [7]: a[1:5:2]   # 下标从1到5的切片，不包含5，且步长为2
Out[7]: array([2, 4])
```

二维数组的索引格式是中括号中逗号前选择行，逗号后选择列。而在选择行和列的时候可以传入列表，或者使用冒号来进行切片索引。示例代码如下。

```
In [1]: import numpy as np
In [2]: a = np.array([[1,2,3,4],
   ...:               [5,6,7,8],
   ...:               [9,10,11,12],
   ...:               [13,14,15,16]])
```

首先我们可以使用数组的 shape 属性来查看该数组的形状，可以看到该数组的形状是 4 行和 4 列。

```
In [3]: a.shape
Out[3]: (4, 4)
```

在二维数组的索引中，冒号指的是切片，a[1:3]的意思是按行索引，选取下标为 1、下标为 2 的所有行的元素。

```
In [4]: a[1:3]   # 按列索引，选取下标为1、下标为2的所有行的元素
Out[4]:
array([[ 5,  6,  7,  8],
       [ 9, 10, 11, 12]])
```

在二维数组的索引中，不仅可以按行索引，还可以按列索引，而且还可以按行按列同时索引。比如a[1:3,0:2]所表达的意思就是，选取行标为 1：3、列标为 1：2 的所有元素。

```
In [5]: a[1:3,0:2]   # 选取行表为1：3、列标为1：2的所有元素
Out[5]:
array([[ 5,  6],
       [ 9, 10]])
```

切片的本质是传入一个连续的列表，所以我们还可以传入列表来获得相应位置的元素。比如a[[0,2],[1,2]]的含义是选取 0 行、2 行、1 列、2 列对应的元素。

```
In [6]: a[[0,2],[1,2]]   # 选取0行、2行、1列、2列对应的元素
Out[6]: array([ 2, 11])
```

3.3　排序与查询

在进行数组操作的时候我们可能需要对数组进行排序和查询。排序中需要注意是按行排序，

还是按列排序，或者是整体排序。

这里需要特别注意的是，sort 方法中 axis 参数指的是排序的方向，0 指按行进行操作，1 指按列进行操作。示例代码如下。

```
In [1]: import numpy as np
In [2]: a = np.array([[1,4],
   ...:               [3,2]])
```

因为当 axis=0 时比较小的值排在第 1 行，比较大的值排在第 2 行。

```
In [3]: np.sort(a,axis=0)    # 按行排序
Out[3]:
array([[1, 2],
       [3, 4]])
```

当 axis=1 时比较小的值排在第 1 列，而比较大的值则排在第 2 列。

```
In [4]: np.sort(a,axis=1)    # 按列排序
Out[4]:
array([[1, 4],
       [2, 3]])
```

当 axis=None 时，按整体进行排序，数组将会被压缩为一个序列。

```
In [5]: np.sort(a,axis=None)    # 整体排序
Out[5]: array([1, 2, 3, 4])
```

argsort 方法用来返回排序的值，这个值代表了该值在该排序方式下的顺序，会根据 axis 设置的不同方式返回不同的值。

```
In [6]: np.argsort(a,axis=0)    # 按行返回元素序号
Out[6]:
array([[0, 1],
       [1, 0]], dtype=int64)
In [7]: np.argsort(a,axis=1)    # 按列返回元素序号
Out[7]:
array([[0, 1],
       [1, 0]], dtype=int64)
In [8]: np.argsort(a,axis=None)    # 整体返回元素序号
Out[8]: array([0, 3, 2, 1], dtype=int64)
```

在查询数组的过程中，最常用到的是 where 方法，该方法返回的是符合条件的值的坐标。另外，还可以通过 argmax 等方法获得数组中最大值和最小值的坐标，注意 axis 参数的设定。示例代码如下。

```
In [1]: import numpy as np
In [2]: a = np.array([[1,2,3,4],
   ...:               [5,6,7,8],
   ...:               [9,10,11,12],
   ...:               [13,14,15,16]])
```

where 方法用来返回符合条件的坐标，比如我们想要获得大于 7 的所有值的坐标，可以看出 8 是第一个比 7 大的数字，所以数字 8 的坐标[1,3]会被返回，同样的道理，9 的坐标[2,0]也会被返回。

这里需要注意的是，返回的形式是将所有元素的横坐标放在一个数组里，然后将所有元素的纵坐标放在另一个数组里。这种做法的好处是方便以后取值。

```
In [3]: index=np.where(a > 7)
In [4]: index
Out[4]:
(array([1, 2, 2, 2, 2, 3, 3, 3, 3], dtype=int64),
 array([3, 0, 1, 2, 3, 0, 1, 2, 3], dtype=int64))
```

可以直接将上述结果用索引方法索引出来。

```
In [5]: a[index]
Out[5]: array([ 8,  9, 10, 11, 12, 13, 14, 15, 16])
```

argmax 方法用来获得行列里最大值的坐标，这里可以通过指定 axis 获得最大值所在的行。可以看到在数组 a 中，各个列的坐标的最大值都是在第 3 行。

```
In [6]: np.argmax(a, axis=0)     # 按行获取最大值的坐标
Out[6]: array([3, 3, 3, 3], dtype=int64)
```

同理，可以通过 argmax 方法获得每一行最大值所在的列。

```
In [7]: np.argmax(a, axis=1)     # 按列获取最大值的坐标
Out[7]: array([3, 3, 3, 3], dtype=int64)
```

类似地，可以获得该数组最大值所在的位置，这样的操作其实是将数组先转换为一个序列，然后返回这个序列的下标。

```
In [8]: np.argmax(a, axis=None)    # 整体获得最大值的坐标
Out[8]: 15
```

argmin 方法和 argmax 方法对应，用来获得最小值的下标，这里不再赘述。

```
In [9]: np.argmin(a, axis=0)     # 按行获得最小值的坐标
Out[9]: array([0, 0, 0, 0], dtype=int64)
In [10]: np.argmin(a, axis=1)    # 按列获得最小值的坐标
Out[10]: array([0, 0, 0, 0], dtype=int64)
In [11]: np.argmin(a, axis=None)   # 整体获得最小值的坐标
Out[11]: 0
```

3.4 随机数生成器

在做某些实验或者验证某些算法的时候，我们需要模拟一些数据，Numpy 中就提供了这样的方法。

常用随机数可以生成单个数或者任意维度的数组。我们还可以使用 choice 方法随机抽取数值，或者使用 permutation 方法对数组进行重新排序，后面进行讲解。

```
In [1]: import numpy as np
```

random 中的 rand 方法可以用来生成在[0,1]上的一个随机数。可以通过 rand 方法传入一个 int 类型的参数，指定生成多少个随机数。

```
In [2]: np.random.rand()  # 生成在[0,1]上的数
Out[2]: 0.1986842523534006
In [3]: np.random.rand(10)  # 生成10个随机数
Out[3]:
array([0.17682141, 0.87976073, 0.68461756, 0.7232145 , 0.15628708,
       0.78452399, 0.52846538, 0.18362267, 0.89372265, 0.42307524])
```

当 rand 方法传入一个 int 类型的数时生成的是一个序列的随机数，此外还可以传入一个数组，生成一个数组的随机数。

```
In [4]: np.random.rand(3,3)  # 生成3行3列的随机数组
Out[4]:
array([[0.64493183, 0.00448995, 0.84254601],
       [0.60914721, 0.12523508, 0.43191341],
       [0.64596491, 0.41553648, 0.51056406]])
```

randn 方法用来生成一个符合正态分布的随机数。

```
In [5]: np.random.randn()  # 生成标准正态分布随机数
Out[5]: 0.8158614807731791
```

同理，还可以像 rand 函数一样生成一个随机的序列或者生成一个随机的数组。

```
In [6]: np.random.randn(10)  # 生成10个正态随机数
Out[6]:
array([-0.0588193 , -0.20587312, -0.04294179, -1.43546252,  0.67783404,
       -0.52949325, -0.84902127,  0.45757084, -0.63645493,  0.4801768 ])
In [7]: np.random.randn(3,3)  # 生成3行3列的标准正态随机数组
Out[7]:
```

```
array([[-1.21160869,  0.22677573,  2.26393072],
       [ 0.72706254, -0.59188347,  0.25935329],
       [-0.73485706, -0.49113593,  0.48354441]])
```

randint 方法用来生成一个整型的随机数，参数 low 用来指定生成随机数最低的范围，参数 high 用来指定生成随机数最高的范围，参数 size 用来指定生成随机数的形状。默认状态下生成一个 int 类型的随机数。

```
In [8]: np.random.randint(low=1,high=10)  # 生成[1,10)的随机整数
Out[8]: 5
```

当 size=10 时，生成一个长度为 10 的序列，序列的元素是 int 类型的随机数。

```
In [9]: np.random.randint(low=1,high=10,size=10)  # 生成 10 个随机整数
Out[9]: array([6, 6, 3, 3, 8, 1, 8, 3, 7, 2])
```

当 size 是一个元组时，则指定了生成随机数数组的形状，比如可以用(3,3)生成一个元素是随机整型的 3 行 3 列的数组。

```
In [10]: np.random.randint(low=1,high=10,size=(3,3))  # 生成 3 行 3 列随机整型数组
Out[10]:
array([[7, 8, 2],
       [9, 4, 1],
       [1, 9, 3]])
```

choice 方法可以用来随机抽取样本，第 1 个参数是要抽取的序列，第 2 个参数是要抽取的次数，这里对序列[1,2,3,4,5,6]进行了 5 次重复抽取。

```
In [11]: np.random.choice([1,2,3,4,5,6],5)  # 随机在[1,2,3,4,5,6]中抽取 5 次元素
Out[11]: array([6, 6, 1, 6, 3])
```

permutation 方法可以用来对数组进行重新排序。

```
In [12]: np.random.permutation([1,2,3,4,5,6])  # 随机重排列表
Out[12]: array([4, 5, 1, 6, 2, 3])
```

分布随机数生成主要是根据一些特殊的分布（比如正态分布、几何分布等）生成随机分布数组。示例代码如下。

```
In [1]: import numpy as np
In [2]: np.random.beta(a=1, b=1, size=10)  # 生成 10 个 beta 分布数据
Out[2]:
array([0.00851142, 0.75905532, 0.76899892, 0.54611725, 0.97052232,
       0.965459  , 0.91350042, 0.86334121, 0.38867507, 0.61042938])
In [3]: np.random.binomial(8, 0.3, size=10)  # 生成 10 个二项分布数据
Out[3]: array([1, 2, 3, 5, 4, 3, 2, 3, 4, 2])
In [4]: np.random.chisquare(3,10)  # 生成 10 个卡方分布数据
```

```
Out[4]:
array([ 7.48311909, 11.36788416,  3.12726178,  6.56414606,  1.431802  ,
        2.67882163,  0.6913374 ,  6.01912117,  1.01296401,  2.69496303])
In [5]: np.random.exponential(scale=1.0, size=10)    # 生成 10 个指数分布数据
Out[5]:
array([0.32344969, 0.09992908, 2.03257126, 0.82349116, 0.67954543,
       1.43258208, 0.86706121, 0.06634798, 1.22617235, 0.62798856])
In [6]: np.random.gamma(3, 1, 10)    # 生成 10 个伽马分布数据
Out[6]:
array([1.75410468, 3.65739546, 1.95553422, 2.33124095, 1.95515322,
       5.55806745, 3.74892391, 1.02145079, 3.69793214, 1.84434973])
In [7]: np.random.geometric(p=0.5, size=10)    # 生成 10 个几何分布数据
Out[7]: array([3, 3, 4, 3, 1, 2, 1, 2, 1, 4])
In [8]: np.random.normal(loc=0, scale=1, size=10)    # 生成 10 个正态分布数据
Out[8]:
array([-0.53701554, -0.57117436, -0.73258904, -0.53558725, -0.23270102,
        0.54694032,  1.52433421,  1.70997613, -0.27997385,  0.15001597])
In [9]: np.random.poisson(5, size=10)    # 生成 10 个泊松分布数据
Out[9]: array([ 6,  5,  3,  2,  8, 10,  5,  6,  7,  8])
In [10]: np.random.uniform(-1,0,size=10)    # 生成 10 个均匀分布数据
Out[10]:
array([-0.17687828, -0.89652975, -0.70421999, -0.64142474, -0.20585632,
       -0.74837112, -0.67783048, -0.98292113, -0.38015044, -0.50877065])
```

3.5　数　学　函　数

Numpy 提供了常用的数学计算函数，通过这些函数我们可以进行三角函数的运算，指数和对数的运算，以及其他基本的数学运算。相比 Python 自带的 Math 库，Numpy 中数学函数最大的优势是可以对序列和数组进行操作。

3.5.1　三角函数

本小节主要列举常用的正弦、余弦和正切函数，以及角度和弧度的转换函数。Numpy 中的这些函数都可以传入列表类型的参数，自动对列表中的各个元素进行计算，不需要写循环。示例代码如下。

```
In [1]: import numpy as np
```

首先，用 linspace 函数生成一个范围在 0 到 π 的等间距的 11 个数，然后调用 sin 函数计算它的正弦值。同理，还可以计算它们的余弦函数和正切函数。

```
In [2]: np.sin(np.linspace(0,np.pi,11))   # 正弦函数
Out[2]:
array([0.00000000e+00, 3.09016994e-01, 5.87785252e-01, 8.09016994e-01,
       9.51056516e-01, 1.00000000e+00, 9.51056516e-01, 8.09016994e-01,
       5.87785252e-01, 3.09016994e-01, 1.22464680e-16])
In [3]: np.cos(np.linspace(0,np.pi,11))   # 余弦函数
Out[3]:
array([ 1.00000000e+00,  9.51056516e-01,  8.09016994e-01,  5.87785252e-01,
        3.09016994e-01,  6.12323400e-17, -3.09016994e-01, -5.87785252e-01,
       -8.09016994e-01, -9.51056516e-01, -1.00000000e+00])
In [4]: np.tan(np.linspace(0,np.pi,11))   # 正切函数
Out[4]:
array([ 0.00000000e+00,  3.24919696e-01,  7.26542528e-01,  1.37638192e+00,
        3.07768354e+00,  1.63312394e+16, -3.07768354e+00, -1.37638192e+00,
       -7.26542528e-01, -3.24919696e-01, -1.22464680e-16])
```

arcsin 是 sin 函数的反函数，该函数是将正弦值转换为弧度。我们还可以计算反余弦函数和反正切函数。

```
In [5]: np.arcsin(np.linspace(0,1,11))    # 反正弦函数
Out[5]:
array([0.        , 0.10016742, 0.20135792, 0.30469265, 0.41151685,
       0.52359878, 0.64350111, 0.7753975 , 0.92729522, 1.11976951,
       1.57079633])
In [6]: np.arccos(np.linspace(0,1,11))    # 反余弦函数
Out[6]:
array([1.57079633, 1.47062891, 1.36943841, 1.26610367, 1.15927948,
       1.04719755, 0.92729522, 0.79539883, 0.64350111, 0.45102681,
       0.        ])
In [7]: np.arctan(np.linspace(0,1,11))    # 反正切函数
Out[7]:
array([0.        , 0.09966865, 0.19739556, 0.29145679, 0.38050638,
       0.46364761, 0.5404195 , 0.61072596, 0.67474094, 0.7328151 ,
       0.78539816])
```

Numpy 中还提供了弧度和角度的转换函数。degrees 方法是将弧度转换为角度，radians 方法

是将角度转换为弧度。

```
In [8]: np.degrees([np.pi,np.pi/2])  # 弧度转角度
Out[8]: array([180.,  90.])
In [9]: np.radians([180,90])  # 角度转弧度
Out[9]: array([3.14159265, 1.57079633])
```

3.5.2　指数与对数

本小节主要列举 Numpy 中提供的指数与对数运算函数。需要注意的是，在计算指数时只提供以自然常数和 2 为底的方法，而在计算对数时只提供以自然常数、2 和 10 为底的方法。示例代码如下。

```
In [1]: import numpy as np
In [2]: np.exp([1,2,3,4,5])  # 自然常数 e 的指数值
Out[2]:
array([  2.71828183,   7.3890561 ,  20.08553692,  54.59815003,
       148.4131591 ])
In [3]: np.exp2([1,2,3,4,5])  # 计算 2 的指数值
Out[3]: array([ 2.,  4.,  8., 16., 32.])
In [4]: np.log([1, np.e,])  # 计算以自然常数为底的对数
Out[4]: array([0., 1.])
In [5]: np.log2([1, np.e,])  # 计算以 2 为底的对数
Out[5]: array([0.        , 1.44269504])
In [6]: np.log10([1, np.e,])  # 计算以 10 为底的对数
Out[6]: array([0.        , 0.43429448])
```

3.5.3　约数

本小节介绍 Numpy 中求约数的方法。约数包括四舍五入、向 0 取整、向上取整和向下取整。示例代码如下。

```
In [1]: import numpy as np
In [2]: np.around([0.3, 1.7])  # 四舍五入
Out[2]: array([0., 2.])
In [3]: np.rint([-0.2,1.1])  # 四舍五入并保留整数部分
Out[3]: array([-0.,  1.])
In [4]: np.fix([-1.6,1.7,1.2])  # 向 0 取整
Out[4]: array([-1.,  1.,  1.])
In [5]: np.floor([-1.6,1.7,1.2])  # 向下取整
```

```
Out[5]: array([-2., 1., 1.])
In [6]: np.ceil([-1.6,1.7,1.2])    # 向上取整
Out[6]: array([-1., 2., 2.])
```

3.5.4 数组自身加乘

本小节介绍数组自身的加乘。自身的加乘是指对数组内部的元素求和及求乘积，比如计算所有行的和，或者计算所有列的和。其方向仍然由 axis 参数设定。示例代码如下。

```
In [1]: import numpy as np
In [2]: a=np.array([[1,2,3],
   ...:             [4,5,6],
   ...:             [7,8,9]])
```

我们可以按行求乘积，即计算每一列的乘积。比如在 a 数组中，可以分别计算第 0 列、第 1 列和第 2 列的乘积，只需要调用 prod 方法，然后指定 axis 为 0 即可。可以看到最后的结果是 array([28, 80, 162])，28 即 $1\times4\times7$，80 即 $2\times5\times8$，162 即 $3\times6\times9$。

当然，还可以计算每一行的乘积，只需指定参数 axis 为 1 即可。

我们还可以指定 axis=None 来计算所有元素的乘积。

```
In [3]: np.prod(a,axis=0)    # 按行计算乘积
Out[3]: array([ 28,  80, 162])
In [4]: np.prod(a,axis=1)    # 按列计算乘积
Out[4]: array([  6, 120, 504])
In [5]: np.prod(a,axis=None)    # 整体计算乘积
Out[5]: 362880
```

cumprod 方法用来计算累积，可以通过指定 axis 来计算行或列的累积。

```
In [6]: np.cumprod(a,axis=0)    # 按行计算累积
Out[6]:
array([[  1,   2,   3],
       [  4,  10,  18],
       [ 28,  80, 162]], dtype=int32)
In [7]: np.cumprod(a,axis=1)    # 按列计算累积
Out[7]:
array([[  1,   2,   6],
       [  4,  20, 120],
       [  7,  56, 504]], dtype=int32)
In [8]: np.cumprod(a,axis=None)    # 整体计算累积
Out[8]:
```

```
array([      1,      2,      6,     24,    120,    720,   5040,  40320,
       362880], dtype=int32)
```

sum 函数用来计算元素的和，可以合理利用 axis 方法按行、列和整体分别计算和。

```
In [9]: np.sum(a,axis=0)   # 按行计算和
Out[9]: array([12, 15, 18])
In [10]: np.sum(a,axis=1)   # 按列计算和
Out[10]: array([ 6, 15, 24])
In [11]: np.sum(a,axis=None)   # 整体计算和
Out[11]: 45
```

类似于 cumprod 计算累积，cumsum 也可以计算累加，当然 axis 参数的指定仍然是其重点。

```
In [12]: np.cumsum(a,axis=0)   # 按行计算累加
Out[12]:
array([[ 1,  2,  3],
       [ 5,  7,  9],
       [12, 15, 18]], dtype=int32)
In [13]: np.cumsum(a,axis=1)   # 按列计算累加
Out[13]:
array([[ 1,  3,  6],
       [ 4,  9, 15],
       [ 7, 15, 24]], dtype=int32)
In [14]: np.cumsum(a,axis=None)   # 整体计算累加
Out[14]: array([ 1,  3,  6, 10, 15, 21, 28, 36, 45], dtype=int32)
```

3.5.5　算术运算

本小节介绍 Numpy 中提供的算术运算符方法。需要注意的是这些方法都是可以对数组进行操作的，操作时会对数组内的每个元素进行计算。示例代码如下。

```
In [1]: import numpy as np
In [2]: a=np.array([[1,2,3],
   ...:             [4,5,6],
   ...:             [7,8,9]])
```

negative 方法用来取数组中所有元素的相反数。

```
In [3]: b=np.negative(a) # 取相反数
   ...: b
Out[3]:
array([[-1, -2, -3],
```

```
        [-4, -5, -6],
        [-7, -8, -9]])
```

reciprocal 方法用来取数组中所有元素的倒数。

```
In [4]: np.reciprocal(a)  # 取倒数
Out[4]:
array([[1, 0, 0],
       [0, 0, 0],
       [0, 0, 0]], dtype=int32)
```

absolute 方法用来取数组中所有元素的绝对值。

```
In [5]: np.absolute(a)   # 取绝对值
Out[5]:
array([[1, 2, 3],
       [4, 5, 6],
       [7, 8, 9]])
```

add 方法用来计算两个数组相应元素的和。

```
In [6]: np.add(a,b)    # 加和
Out[6]:
array([[0, 0, 0],
       [0, 0, 0],
       [0, 0, 0]])
```

subtract 方法用来计算两个数组相应位置元素的差值。

```
In [7]: np.subtract(a,b)  #相减
Out[7]:
array([[ 2,  4,  6],
       [ 8, 10, 12],
       [14, 16, 18]])
```

multiply 方法用来计算两个数组相应位置元素的乘积。

```
In [8]: np.multiply(a,b)  # 相乘
Out[8]:
array([[ -1,  -4,  -9],
       [-16, -25, -36],
       [-49, -64, -81]])
```

divide 方法用来计算两个数组相应位置元素的商。

```
In [9]: np.divide(a,b)   # 相除
Out[9]:
array([[-1., -1., -1.],
```

```
        [-1., -1., -1.],

        [-1., -1., -1.]])
```

divmod 方法用来计算两个数组相应位置元素的商的整数和余数部分。如果第 2 个参数是一个整数，则计算第 1 个参数数组每一个元素与该整数的商。

```
In [10]: np.divmod([1,2,3,4,5], 3)  # 相除，并取整取余
Out[10]: (array([0, 0, 1, 1, 1], dtype=int32), array([1, 2, 0, 1, 2], dtype=int32))
```

power 方法用来计算两个数组相应位置元素的幂。

```
In [11]: np.power(a,-b)  # 求幂
Out[11]:
array([[        1,         4,        27],
       [      256,      3125,     46656],
       [   823543,  16777216, 387420489]], dtype=int32)
In [12]: np.modf([1.1,2.4])  # 分解整数和小数
Out[12]: (array([0.1, 0.4]), array([1., 2.]))
```

3.6 统 计 函 数

Numpy 中提供了常用的数学统计函数。通过这些统计函数我们可以很容易求得最大值、最小值、分位数、均值方差等。另外我们还可以计算两个向量的相关性。

基本统计函数一般用于求最大值、最小值、分位数。基本统计函数返回的是对该数组整体的描述。示例代码如下。

```
In [1]: import numpy as np
In [2]: a=np.array([[1,2,3],
   ...:             [4,5,6],
   ...:             [7,8,9]])
```

amin 方法用来计算最小值，我们可以通过 axis 参数指定是计算每一行的最小值，还是每一列的最小值，还是整体的最小值。

```
In [3]: np.amin(a,axis=0)  # 按行，返回最小值
Out[3]: array([1, 2, 3])
In [4]: np.amin(a,axis=1)  # 按列，返回最小值
Out[4]: array([1, 4, 7])
In [5]: np.amin(a,axis=None)  # 整体返回最小值
Out[5]: 1
```

amax 方法是与 amin 相对的方法，用于获得指定 axis 的最大值。

```
In [6]: np.amax(a,axis=0)    # 按行，返回最大值
Out[6]: array([7, 8, 9])
In [7]: np.amax(a,axis=1)    # 按列，返回最大值
Out[7]: array([3, 6, 9])
In [8]: np.amax(a,axis=None)  # 整体返回最大值
Out[8]: 9
```

ptp 方法用来获得某行、某列或者整体的最大值与最小值的差值。

```
In [9]: np.ptp(a,axis=0)    # 按行，返回最大值-最小值
Out[9]: array([6, 6, 6])
In [10]: np.ptp(a,axis=1)    # 按列，返回最大值-最小值
Out[10]: array([2, 2, 2])
In [11]: np.ptp(a,axis=None)  # 整体返回最大值-最小值
Out[11]: 8
```

percentile 方法用来获得相应 axis 的分位数。

```
In [12]: np.percentile(a,50,axis=0)  # 按行，返回 50 分位数
Out[12]: array([4., 5., 6.])
In [13]: np.percentile(a,50,axis=1)  # 按列，返回 50 分位数
Out[13]: array([2., 5., 8.])
In [14]: np.percentile(a,50,axis=None)  # 整体，返回 50 分位数
Out[14]: 5.0
```

Numpy 中提供了求均值与方差的函数。均值和方差反映了数组的波动程度，这两个指标是非常重要的。示例代码如下。

```
In [1]: import numpy as np
In [2]: a=np.array([[1,2,3],
   ...:             [4,5,6],
   ...:             [7,8,9]])
```

median 方法用来计算中位数，通过 axis 设置按行、按列还是按整体计算。

```
In [3]: np.median(a,axis=0)  # 按行取中位数
Out[3]: array([4., 5., 6.])
In [4]: np.median(a,axis=1)  # 按列取中位数
Out[4]: array([2., 5., 8.])
In [5]: np.median(a,axis=None)  # 按整体取中位数
Out[5]: 5.0
```

mean 方法用来计算均值，通过 axis 设置按行、按列还是按整体计算。

```
In [6]: np.mean(a,axis=0)   # 按行取均值
Out[6]: array([4., 5., 6.])
In [7]: np.mean(a,axis=1)   # 按列取均值
Out[7]: array([2., 5., 8.])
In [8]: np.mean(a,axis=None)   # 按整体取均值
Out[8]: 5.0
```

var 方法用来计算方差，通过 axis 设置按行、按列还是按整体计算。

```
In [9]: np.var(a,axis=0)   # 按行取方差
Out[9]: array([6., 6., 6.])
In [10]: np.var(a,axis=1)   # 按列取方差
Out[10]: array([0.66666667, 0.66666667, 0.66666667])
In [11]: np.var(a,axis=None)   # 按整体取方差
Out[11]: 6.666666666666667
```

std 方法用来计算标准差，通过 axis 设置按行、按列还是按整体计算。

```
In [12]: np.std(a,axis=0)   # 按行取标准差
Out[12]: array([2.44948974, 2.44948974, 2.44948974])
In [13]: np.std(a,axis=1)   # 按列取标准差
Out[13]: array([0.81649658, 0.81649658, 0.81649658])
In [14]: np.std(a,axis=None)   # 按整体取标准差
Out[14]: 2.581988897471611
```

Numpy 中提供了计算密度的相关函数。数据的密度可以帮助我们很好地理解数组的大致分布。简单来说就是看哪些数值出现的次数比较多，数值大部分集中分布在哪个区间。示例代码如下。

```
In [1]: import numpy as np
In [2]: np.bincount([1,2,2,4,5])   # 计数
Out[2]: array([0, 1, 2, 0, 1, 1], dtype=int64)
In [3]: np.histogram([1,2,2,4,5])   # 计数
Out[3]:
(array([1, 0, 2, 0, 0, 0, 0, 1, 0, 1], dtype=int64),
 array([1. , 1.4, 1.8, 2.2, 2.6, 3. , 3.4, 3.8, 4.2, 4.6, 5. ]))
```

Numpy 中提供了计算序列相关性的相关函数。相关性可以帮助我们理解两个数组是否具有一定的一致性。示例代码如下。

```
In [1]: import numpy as np
In [2]: a=np.array([[1,3,3],
   ...:            [3,2,1]])
In [3]: np.cov(a)   # 计算协方差
Out[3]:
```

```
array([[ 1.33333333, -1.       ],
       [-1.       ,  1.       ]])
In [4]: np.corrcoef(a)  # 计算协方差系数
Out[4]:
array([[ 1.       , -0.8660254],
       [-0.8660254,  1.       ]])
```

3.7　线　性　代　数

线性代数在机器学习中有重要的应用，比如在 PCA 降维中，我们可以使用特征值和特征向量找到降维的空间（后面会详细讲解）。另外线性代数也增强了计算的性能，可以提高计算速度。本节将介绍线性代数中常用的计算函数。示例代码如下。

```
In [1]: import numpy as np
In [2]: a=np.array([[1,2],
   ...:           [3,4]])
In [3]: b=np.array([[0,1],
   ...:           [2,3]])
```

dot 方法是计算矩阵点乘的方法，请注意它与之前介绍的 multiply 函数的区别。

```
In [4]: np.dot(a,b)  # 矩阵相乘
Out[4]:
array([[ 4,  7],
       [ 8, 15]])
```

vdot 方法是计算向量点乘的方法。

```
In [5]: np.vdot(a[0],b[0])  # 向量相乘
Out[5]: 2
```

linalg 中的 solve 方法是计算矩阵方程组的方法。

```
In [6]: np.linalg.solve(a, b[0])  # 解方程组
Out[6]: array([ 1. , -0.5])
```

linalg 中的 inv 方法是计算逆矩阵的方法。

```
In [7]: np.linalg.inv(a)  # 求逆矩阵
Out[7]:
array([[-2. ,  1. ],
       [ 1.5, -0.5]])
```

linalg 中的 svd 方法是计算奇异值矩阵的方法。

```
In [8]: np.linalg.svd(a)    # 奇异值分解
Out[8]:
(array([[-0.40455358, -0.9145143 ],
        [-0.9145143 ,  0.40455358]]),
 array([5.4649857 , 0.36596619]),
 array([[-0.57604844, -0.81741556],
        [ 0.81741556, -0.57604844]]))
```

linalg 方法用来计算数组的特征值和特征向量。

```
In [9]: np.linalg.eig(a)    # 求特征值和特征向量
Out[9]:
(array([-0.37228132,  5.37228132]), array([[-0.82456484, -0.41597356],
        [ 0.56576746, -0.90937671]]))
```

第4章
数据分析工具——Pandas

Pandas 是在 Numpy 基础上的进一步封装，它提供了更丰富的数据处理方法。相较于 Numpy，Pandas 更适合做数据的预处理，而 Numpy 则更适合做数据的运算。所以拿到数据后，我们一般使用 Pandas 做数据处理，而实现算法模型时使用 Numpy。

4.1　序列对象 Series

Series 对象类似于 Numpy 中的一维数组。本书主要介绍 Series 在数理统计中的应用。虽然 Series 对字符串以及时间序列的处理是其更强大的功能，但这些和本书的写作目标不符，故没有详细讲解，有兴趣的读者可以参考其官方文档学习。

4.1.1　创建 Series 对象

Pandas 中最基础的对象是 Series，可以通过 list 以及可迭代对象 range 创建，也可以通过 Numpy 中的 array 对象创建。示例代码如下。

```
In [1]: import pandas as pd
   ...: import numpy as np
```

将列表转换为 Pandas 中的 Series 对象。可以看到 Series 对象左侧有相应的索引值。

```
In [2]: pd.Series([0,1,2,3,4,5])
Out[2]:
0    0
```

```
1    1
2    2
3    3
4    4
5    5
dtype: int64
```

同样的方法，我们还可以将一个 range 方法产生的迭代对象转换为 Series 对象。

```
In [3]: pd.Series(range(6))
Out[3]:
0    0
1    1
2    2
3    3
4    4
5    5
dtype: int64
In [4]: pd.Series(np.arange(1,6,1))
Out[4]:
0    1
1    2
2    3
3    4
4    5
dtype: int32
```

4.1.2　Series 索引

Series 的索引方法有以下 3 种。

第一种方法，与 list 和 Numpy 中的一维数组的索引方法不相同，但形式相同。需要注意的是，此时的值不是 Numpy 中对应概念的下标，而是 Pandas 中的索引值，所以不能出现负数。示例代码如下。

```
In [1]: import pandas as pd
In [2]: a=pd.Series([0,1,2,3,4,5])
In [3]: a[0]    # 索引为 0 的元素
Out[3]: 0
In [4]: a[1:3]    # 索引从 1 到 3 的片段，不包含 3
```

```
Out[4]:
1    1
2    2
dtype: int64
In [5]: a[2:]    # 索引从 2 到末端的片段
Out[5]:
2    2
3    3
4    4
5    5
dtype: int64
In [6]: a[1:5:2]    # 索引从 1 到 5 的片段, 不包含 5, 且步长为 2
Out[6]:
1    1
3    3
dtype: int64
In [7]: a[-1]    # 索引为-1 的元素
Traceback (most recent call last):
  File "<ipython-input-7-518d9f157c69>", line 1, in <module>
    a[-1]    # 索引为-1 的元素
  File "C:\ProgramData\Anaconda3\lib\site-packages\pandas\core\series.py", line
766, in __getitem__
    result = self.index.get_value(self, key)
  File "C:\ProgramData\Anaconda3\lib\site-packages\pandas\core\indexes\base.py",
line 3103, in get_value
    tz=getattr(series.dtype, 'tz', None))
  File "pandas\_libs\index.pyx", line 106, in pandas._libs.index.IndexEngine.get_
value
  File "pandas\_libs\index.pyx", line 114, in pandas._libs.index.IndexEngine.get_
value
  File "pandas\_libs\index.pyx", line 162, in pandas._libs.index.IndexEngine.get_
loc
  File "pandas\_libs\hashtable_class_helper.pxi", line 958, in pandas._libs.
hashtable.Int64HashTable.get_item
  File "pandas\_libs\hashtable_class_helper.pxi", line 964, in pandas._libs.
hashtable.Int64HashTable.get_item
KeyError: -1
```

第二种方法，与 list 和 Numpy 中一维数组的索引方法不相同，形式也不同，要使用.loc，同样也不能出现负数。示例代码如下。

```
In [1]: import pandas as pd
In [2]: a=pd.Series([0,1,2,3,4,5])
In [3]: a.loc[0]   # 索引为 0 的元素
Out[3]: 0
In [4]: a.loc[1:3]   # 索引从 1 到 3 的片段，不包含 3
Out[4]:
1    1
2    2
3    3
dtype: int64
In [5]: a.loc[2:]   # 索引从 2 到末端的片段
Out[5]:
2    2
3    3
4    4
5    5
dtype: int64
In [6]: a.loc[1:5:2]   # 索引从 1 到 5 的片段，不包含 5，且步长为 2
Out[6]:
1    1
3    3
5    5
dtype: int64
In [7]: a.loc[-1]   # 索引为-1 的元素
Traceback (most recent call last):
  File "<ipython-input-7-d78ac491c510>", line 1, in <module>
    a.loc[-1]   # 索引为-1 的元素
  File "C:\ProgramData\Anaconda3\lib\site-packages\pandas\core\indexing.py", line
1478, in __getitem__
    return self._getitem_axis(maybe_callable, axis=axis)
  File "C:\ProgramData\Anaconda3\lib\site-packages\pandas\core\indexing.py", line
1911, in _getitem_axis
    self._validate_key(key, axis)
  File "C:\ProgramData\Anaconda3\lib\site-packages\pandas\core\indexing.py", line
1798, in _validate_key
    error()
```

```
    File "C:\ProgramData\Anaconda3\lib\site-packages\pandas\core\indexing.py", line
1785, in error
    axis=self.obj._get_axis_name(axis)))
KeyError: 'the label [-1] is not in the [index]'
```

第三种方法，与 list 和 Numpy 中一维数组的索引方法相同，但形式不同，要使用.iloc，可以出现负数。示例代码如下。

```
In [1]: import pandas as pd
In [2]: a=pd.Series([0,1,2,3,4,5])
In [3]: a.iloc[0]    # 索引为 0 的元素
Out[3]: 0
In [4]: a.iloc[1:3]    # 索引从 1 到 3 的片段，不包含 3
Out[4]:
1    1
2    2
dtype: int64
In [5]: a.iloc[2:]    # 索引从 2 到末端的片段
Out[5]:
2    2
3    3
4    4
5    5
dtype: int64
In [6]: a.iloc[1:5:2]    # 索引从 1 到 5 的片段，不包含 5，且步长为 2
Out[6]:
1    1
3    3
dtype: int64
In [7]: a.iloc[-1]    # 索引为-1 的元素，报错
Out[7]: 5
```

Pandas 还提供了 at 和 iat 方法，这两个方法只取值，所以速度很快。at 对应 loc，iat 对应 iloc。

4.1.3 查看 Series 相关属性

查看 Series 的相关属性，可以查看或更改该序列元素的类型以及索引。

```
In [1]: import pandas as pd
In [2]: a=pd.Series([0,1,2,3,4,5])
```

index 属性可以查看 Series 对象的索引，同样也可以直接赋值更改。我们使用.loc 和.iloc 对索引修改，前后做同样的处理，请体会 loc 和 iloc 的区别，代码如下。

```
In [3]: a.index
Out[3]: RangeIndex(start=0, stop=6, step=1)
In [4]: a.loc[1]
Out[4]: 1
In [5]: a.iloc[1]
Out[5]: 1
```

改变了 a 的索引，这时 loc[1]取倒数第 2 个位置的值，而 iloc[1]仍然是取绝对位置为 1 的值。

```
In [6]: a.index = [5,4,3,2,1,0]
In [7]: a.index
Out[7]: Int64Index([5, 4, 3, 2, 1, 0], dtype='int64')
In [8]: a.loc[1]
Out[8]: 4
In [9]: a.iloc[1]
Out[9]: 1
```

size 属性可以用来查看 Series 的元素个数。

```
In [10]: a.size  # 查看数据的个数
Out[10]: 6
```

values 属性可以作为 Pandas 和 Numpy 中间转换的桥梁，通过 values 属性可以将 Pandas 中的数据格式转换为 Numpy 中数组的形式。

```
In [11]: a.values  # 查看返回值，返回的是一个 Numpy 中的 array 类型
Out[11]: array([0, 1, 2, 3, 4, 5], dtype=int64)
```

dtype 属性用来查看数据的类型，然后可以通过 astype 方法对数据类型进行更改。Pandas 支持很多数据类型，我们需要根据不同的使用场景选择不同的数据类型。

```
In [12]: a.dtype  # 查看数据类型
Out[12]: dtype('int64')
In [13]: a=a.astype('float64')
In [14]: a.dtype  # 查看数据类型
Out[14]: dtype('float64')
```

4.1.4　二元运算

Series 的二元运算和 Numpy 中一元数组的运算相似。示例代码如下。

```
In [1]: import pandas as pd
In [2]: a=pd.Series([0,1,2,3,4,5])
In [3]: b=pd.Series([-5,-4,-3,-2,-1,0])
```

与 Numpy 中的 add 方法类似，计算两个序列的和。

```
In [4]: a.add(b)  # 加法
Out[4]:
0   -5
1   -3
2   -1
3    1
4    3
5    5
dtype: int64
```

与 Numpy 中的 substract 方法类似，计算两个序列的差。

```
In [5]: a.sub(b)  # 减法
Out[5]:
0    5
1    5
2    5
3    5
4    5
5    5
dtype: int64
```

与 Numpy 中的 multiply 方法类似，计算两个序列的和。

```
In [6]: a.mul(b)  # 乘法
Out[6]:
0    0
1   -4
2   -6
3   -6
4   -4
5    0
dtype: int64
```

与 Numpy 中的 divide 方法类似，计算两个序列的商。

```
In [7]: a.div(b)  # 除法
Out[7]:
```

```
0    -0.000000
1    -0.250000
2    -0.666667
3    -1.500000
4    -4.000000
5          inf
dtype: float64
```

取商的整数部分。

```
In [8]: a.floordiv(b)   # 向下取整除法
Out[8]:
0     0
1    -1
2    -1
3    -2
4    -4
5     0
dtype: int64
```

与 Numpy 中的 divmod 方法类似，取模。

```
In [9]: a.mod(b)    # 取模
Out[9]:
0     0
1    -3
2    -1
3    -1
4     0
5     0
dtype: int64
```

lt 方法用来判断一个序列的值是否小于另一个序列的值。因为 a 序列所有的值都大于 b 序列所有的值，所以返回的都是 False。

```
In [10]: a.lt(b)    # 是否小于另一个序列的值
Out[10]:
0    False
1    False
2    False
3    False
4    False
```

```
5    False

dtype: bool
```

gt 方法用来判断一个序列的值是否大于另一个序列的值。因为 a 序列所有的值都大于 b 序列所有的值，所以返回的都是 True。

```
In [11]: a.gt(b)    # 是否大于另一个序列的值

Out[11]:

0    True

1    True

2    True

3    True

4    True

5    True

dtype: bool
```

le 方法用来判断一个序列的值是否小于等于另一个序列的值。因为 a 序列所有的值都大于 b 序列所有的值，所以返回的都是 False。

```
In [12]: a.le(b)    # 是否小于等于另一个序列的值

Out[12]:

0    False

1    False

2    False

3    False

4    False

5    False

dtype: bool
```

ge 方法用来判断一个序列的值是否大于等于另一个序列的值。因为 a 序列所有的值都大于 b 序列所有的值，所以返回的都是 True。

```
In [13]: a.ge(b)    # 是否大于等于另一个序列的值

Out[13]:

0    True

1    True

2    True

3    True

4    True

5    True

dtype: bool
```

ne 方法用来判断一个序列的值是否不等于另一个序列的值。因为 a 序列所有的值都不等于 b

序列的值，所以返回的都是 True。

```
In [14]: a.ne(b)    # 是否不等于另一个序列的值
Out[14]:
0    True
1    True
2    True
3    True
4    True
5    True
dtype: bool
```

eq 方法用来判断一个序列的值是否等于另一个序列的值。因为 a 序列所有的值都不等于 b 序列的值，所以返回的都是 False。

```
In [15]: a.eq(b)    # 是否等于另一个序列的值
Out[15]:
0    False
1    False
2    False
3    False
4    False
5    False
dtype: bool
```

与 Numpy 中的 dot 方法类似，计算两个序列的点积。

```
In [16]: a.dot(b)    # 点乘
Out[16]: -20
```

与 Numpy 中的 absolute 方法类似，计算序列中所有值的绝对值。

```
In [17]: b.abs()
Out[17]:
0    5
1    4
2    3
3    2
4    1
5    0
dtype: int64
```

序列的加法是将每一个元素都加上该数。

```
In [18]: c=a+0.5

In [19]: c

Out[19]:

0    0.5

1    1.5

2    2.5

3    3.5

4    4.5

5    5.5

dtype: float64
```

与 Numpy 中的 around 方法类似，对序列所有元素取整。

```
In [20]: c.round()    # 取整

Out[20]:

0    0.0

1    2.0

2    2.0

3    4.0

4    4.0

5    6.0

dtype: float64
```

4.1.5　统计方法

Series 中提供了常用的统计方法。除了 Numpy 中已有的方法外，还增加了一些比较便捷的方法，示例代码如下。

```
In [1]: import pandas as pd

In [2]: a=pd.Series([0,1,2,3,4,5])
```

与 Python 中自带的 all 方法类似，判断一个序列中所有值是否全部为真。

```
In [3]: a.all()    # 判断是否全为真，因为存在 0 所以是 False

Out[3]: False
```

与 Python 中自带的 any 方法类似，判断一个序列中所有值是否有一个为真。

```
In [4]: a.any()    # 判断是否有真

Out[4]: True
```

与 Numpy 中的 sum 方法类似，计算序列的和。

```
In [5]: a.sum()    # 求和

Out[5]: 15
```

与 Numpy 中的 cumsum 方法类似，计算序列的累加值。

```
In [6]: a.cumsum()  # 累加
Out[6]:
0     0
1     1
2     3
3     6
4    10
5    15
dtype: int64
```

pct_change 方法用来计算增长率。

```
In [7]: a.pct_change()  # 增长率
Out[7]:
0         NaN
1         inf
2    1.000000
3    0.500000
4    0.333333
5    0.250000
dtype: float64
```

与 Numpy 中的 prod 方法类似，计算序列的乘积。

```
In [8]: a[1:].prod()  # 乘积
Out[8]: 120
```

与 Numpy 中的 cumprod 方法类似，计算序列的累乘积。

```
In [9]: a[1:].cumprod()  # 累乘
Out[9]:
1      1
2      2
3      6
4     24
5    120
dtype: int64
```

与 Python 中自带的 max 方法和 Numpy 中的 amax 方法类似，求序列中的最大值。

```
In [10]: a.max()  # 最大值
Out[10]: 5
```

与 Numpy 中的 argmax 方法类似，求序列中最大值的索引。

```
In [11]: a.idxmax()   # 返回最大值的索引
Out[11]: 5
```

与 Python 中自带的 min 方法和 Numpy 中的 amin 方法类似，求序列中的最小值。

```
In [12]: a.min()   # 最小值
Out[12]: 0
```

与 Numpy 中的 argmin 方法类似，求序列中最小值的索引。

```
In [13]: a.idxmin()   #返回最小值的下标
Out[13]: 0
```

nlargest 方法用来返回序列中值最大的两个数。

```
In [14]: a.nlargest(2)   # 最大的两个数
Out[14]:
5    5
4    4
dtype: int64
```

nsmallest 方法用来返回序列中值最小的两个数。

```
In [15]: a.nsmallest(2)   # 最小的两个数
Out[15]:
0    0
1    1
dtype: int64
```

与 Numpy 中的 mean 方法类似，求序列的平均值。

```
In [16]: a.mean()   # 平均值
Out[16]: 2.5
```

与 Numpy 中的 median 方法类似，求序列的中位数。

```
In [17]: a.median()   # 中位数
Out[17]: 2.5
```

与 Numpy 中的 percentile 方法类似，求序列的分位数。

```
In [18]: a.quantile(0.5)   # 0.5分位数
Out[18]: 2.5
```

与 Numpy 中的 std 方法类似，求序列的标准差。

```
In [19]: a.std()   # 标准差
Out[19]: 1.8708286933869707
```

与 Numpy 中的 var 方法类似，求序列的方差。

```
In [20]: a.var()   # 求方差
Out[20]: 3.5
```

describe 方法是一个便捷的统计方法，它可以用来输出一个序列的基础的描述统计函数。

```
In [21]: a.describe()   # 描述序列
Out[21]:
count    6.000000
mean     2.500000
std      1.870829
min      0.000000
25%      1.250000
50%      2.500000
75%      3.750000
max      5.000000
dtype: float64
```

kurt 和 skew 方法用来输出序列的峰度和偏度。

```
In [22]: a.kurt()   # 峰度
Out[22]: -1.2000000000000002
In [23]: a.skew()   # 偏度
Out[23]: 0.0
```

cov 和 corr 方法用来计算两个序列的协方差和相关性系数。

```
In [24]: b=pd.Series([-5,-4,-3,-2,-1,0])
In [25]: a.cov(b)   # 协方差
Out[25]: 3.5
In [26]: a.corr(b)   # 相关性
Out[26]: 1.0
```

4.1.6　缺失值处理

在我们遇到的一些数据中会有缺失值的情况，我们会将这些缺失值删除或者插入其他值替代。
Series 对象提供了相应的方法，示例代码如下。

```
In [1]: import pandas as pd
In [2]: a=pd.Series([1,None,3])
```

isna 方法可以用来判断哪一个元素是缺失值，如果是缺失值则返回 True，如果不是则返回
False。

```
In [3]: a.isna()   # 是否为缺失值，是则返回真
Out[3]:
0     False
1     True
```

```
2    False
dtype: bool
```

notna 方法是 isna 方法的逆函数，如果是缺失值则返回 False，如果不是则返回 True。

```
In [4]: a.notna()    # 是否为缺失值，否则返回真
Out[4]:
0    True
1    False
2    True
dtype: bool
```

dropna 方法可以删除元素为缺失值的记录。

```
In [5]: a.dropna()    # 删除缺失值
Out[5]:
0    1.0
2    3.0
dtype: float64
```

我们可以调用 fillna 方法对缺失值进行填充，比如可以用 2 来填充缺失值。

```
In [6]: a.fillna(2)    # 填充缺失值
Out[6]:
0    1.0
1    2.0
2    3.0
dtype: float64
```

另外一个填充缺失值的方法是调用 interpolate 方法，相对于直接填充缺失值的方法，interpolate 方法可以根据上下关系进行插值。

```
In [7]: a.interpolate()    # 插值法填充缺失值
Out[7]:
0    1.0
1    2.0
2    3.0
dtype: float64
```

4.1.7 排序

Series 提供了若干排序的方法。其中，argsort 方法给出了排序的索引，rank 方法直接给出了顺序，而 sort_values 和 sort_index 则分别是按值和索引排序。示例代码如下。

```
In [1]: import pandas as pd
In [2]: a=pd.Series([3,1,2])
```

与 Numpy 中的 argsort 方法类似，返回从小到大排名的索引。

```
In [3]: a.argsort()   # 返回排名索引
Out[3]:
0    1
1    2
2    0
dtype: int64
```

rank 方法直接返回各个值的排名顺序。

```
In [4]: a.rank()   # 排名
Out[4]:
0    3.0
1    1.0
2    2.0
dtype: float64
```

sort_values 方法默认按从小到大的顺序对序列进行排序。

```
In [5]: a=a.sort_values()   # 按值排序
In [6]: a
Out[6]:
1    1
2    2
0    3
dtype: int64
```

sort_index 方法默认是按从小到大的顺序对索引进行排序。

```
In [7]: a.sort_index()   # 按索引排序
Out[7]:
0    3
1    1
2    2
dtype: int64
```

4.1.8　计数与重复

在进行数据处理过程中，常常需要对数据中的数字进行计数，查看哪些数字出现的频次比较高，对重复数据进行删减。示例代码如下。

```
In [1]: import pandas as pd
In [2]: a=pd.Series([1,2,"a","a","b"])
```

values_counts 方法可以用来对序列中的值进行计数。

```
In [3]: a.value_counts()   # 值类别计数
Out[3]:
a    2
2    1
1    1
b    1
dtype: int64
```

count 方法用来计算序列中非空元素的个数。

```
In [4]: a.count()   # 非空元素个数
Out[4]: 5
```

factorize 方法可以对序列中的元素进行归类。

```
In [5]: a.factorize()   # 归类元素
Out[5]: (array([0, 1, 2, 2, 3], dtype=int64), Index([1, 2, 'a', 'b'], dtype='object'))
```

unique 方法可以用来返回序列中的唯一值。

```
In [6]: a.unique()   # 返回唯一的值
Out[6]: array([1, 2, 'a', 'b'], dtype=object)
```

is_unique 方法可以用来判断序列中的值是否是唯一的，因为 a 序列中含有两个字符 a，所以该序列并不是唯一的，最终结果返回 False。

```
In [7]: a.is_unique   # 是否都是唯一的
Out[7]: False
```

drop_duplicates 方法可以用来删除序列中的重复元素。这里删除 a 序列中重复的字符 a。

```
In [8]: a.drop_duplicates()   # 删除重复元素
Out[8]:
0    1
1    2
2    a
4    b
dtype: object
```

duplicate 方法可以用来放回重复值的索引。

```
In [9]: a.duplicated()   # 返回重复索引
Out[9]:
0    False
```

```
1      False
2      False
3       True
4      False
dtype: bool
```

4.1.9　其他

Series 还包含了其他一些方法，比如查看部分数据的方法 head 和 tail、取样方法 sample、条件筛选方法 where 和 mask，以及判断是否在另一个序列中的 isin 方法。示例代码如下。

```
In [1]: import pandas as pd
In [2]: a=pd.Series([0,1,2,3])
```

在数据量比较大的情况下，我们可以使用 head 和 tail 方法返回数据库中部分样本，用于观察。

```
In [3]: a.head(3)    # 查看前 3 个元素
Out[3]:
0    0
1    1
2    2
dtype: int64
In [4]: a.tail(3)    # 查看后 3 个元素
Out[4]:
1    1
2    2
3    3
dtype: int64
```

与 Numpy 中的 choice 方法类似，对序列中的样本取样。

```
In [5]: a.sample(3)    # 随机取样
Out[5]:
2    2
1    1
0    0
dtype: int64
```

与 Numpy 中的 where 方法类似，做条件查询。

```
In [6]: a.where(a>0)    # 查看大于 0 的元素
Out[6]:
0    NaN
1    1.0
```

```
2    2.0

3    3.0

dtype: float64
```

mask 方法与 where 方法的结果正好相反。

```
In [7]: a.mask(a>0)   # 与 where 相反

Out[7]:

0    0.0

1    NaN

2    NaN

3    NaN

dtype: float64
```

与 Python 中自带的 in 方法类似，查看两个序列中重复的部分。

```
In [8]: a.isin([1,"a"])   # 查看是否在另一个序列中出现

Out[8]:

0    False

1     True

2    False

3    False

dtype: bool
```

4.2 数据框对象 DataFrame

Pandas 中的数据框对象 DataFrame 可以看作是 Series 对象的集合，它们共用同一个索引。所以 DataFrame 具有 Series 的相应方法，这里不再赘述，可参考 4.1 节的内容。本节主要根据具体的操作对 DataFrame 对象进行讲解。

4.2.1 创建数据框

一般有两种方式创建数据框，一是通过字典，而是通过列表，二者皆可获得相同的结果。示例代码如下。

```
In [1]: import pandas as pd
In [2]: a = {'a': [1, 2, 3], 'b': ['a', 'b', 'c'],'c': ["A","B","C"]}
```

通过字典创建数据框时，字典里的键会转换为数据框的字段，而字典中的值则会转换为数据框中的样本。

```
In [3]: df_a = pd.DataFrame(a)  # 通过字典创建数据框
In [4]: df_a
Out[4]:
   a  b  c
0  1  a  A
1  2  b  B
2  3  c  C
In [5]: b = [{'a':1,'b':'a','c':'A'},{'a':2,'b':'b','c':'B'},{'a':3,'b':'c','c':
'C'}]
In [6]: df_b = pd.DataFrame(b)    # 通过列表创建数据框
In [7]: df_b
Out[7]:
   a  b  c
0  1  a  A
1  2  b  B
2  3  c  C
```

双等号可以用来判断两个数据框的值是否相同，相同的值对应的位置会返回 True，不相同的值对应的位置会返回 False。

```
In [8]: df_a == df_b  # 查看数据框是否相同
Out[8]:
      a     b     c
0  True  True  True
1  True  True  True
2  True  True  True
```

4.2.2 行操作

Pandas 的数据框可以看作是 Numpy 中的二维数组。行操作与 Numpy 二维数组的方法类似，特别要注意的是 loc 和 iloc 的区别。示例代码如下。

```
In [1]: import pandas as pd
In [2]: df = pd.DataFrame({'a': [1, 2, 3], 'b': ['a', 'b', 'c'],'c': ["A","B","C"]})
   ...: df
Out[2]:
   a  b  c
0  1  a  A
1  2  b  B
2  3  c  C
```

```
In [3]: df.loc[1,:]    # 选择标签为 1 的行数据
Out[3]:
a    2
b    b
c    B
Name: 1, dtype: object
In [4]: df.loc[1:2,:]    # 选择标签为 1、2 的行数据
Out[4]:
   a  b  c
1  2  b  B
2  3  c  C
In [5]: df.iloc[1:2,:]    # 注意当使用 iloc 时，只返回第 2 行数据
Out[5]:
   a  b  c
1  2  b  B
```

这里的倒序方法和 Python 中自带的 list 的索引方法相同，可以设置起始点和终止点以及步长。
Python 的特点就是可以将步长设为-1，这样就是倒序的索引了。

```
In [6]: df.loc[::-1,:]    # 选择所有行，步长为-1，所以为倒序
Out[6]:
   a  b  c
2  3  c  C
1  2  b  B
0  1  a  A
In [7]: df.loc[0:2:2,:]    # 选择 0 至 2 行，步长为 2
Out[7]:
   a  b  c
0  1  a  A
2  3  c  C
```

我们经常在操作数据框的时候选择某些符合条件的值，在 DataFrame 中这样的操作可以简化
为两个步骤。

第一步：获得符合条件的元素的索引。

第二步：使用该索引对数据框中的元素进行索引。

```
In [8]: select = df.loc[:,"a"] >= 2    # 条件筛选，选择"a"列中大于 2 的元素
   ...: df.loc[select,:]
Out[8]:
   a  b  c
```

```
1  2  b  B
2  3  c  C
```

我们可以通过直接赋值的方法来增加行。

```
In [9]: df.loc[3,:]=4   # 增加行
In [10]: df.loc[[1,2],:]=df.loc[[2,1],:].values   # 注意一定要带.values
    ...: df
Out[10]:
     a  b  c
0  1.0  a  A
1  3.0  c  C
2  2.0  b  B
3  4.0  4  4
In [11]: df.drop(0,axis=0,inplace=True)   # 删除行
    ...: df
Out[11]:
     a  b  c
1  3.0  c  C
2  2.0  b  B
3  4.0  4  4
```

4.2.3 列操作

DataFrame 对行的操作和对列的操作基本相同，不过要注意的是交换列的方法要使用.values 来获取数值，否则会失败。示例代码如下。

```
In [1]: import pandas as pd
In [2]: df = pd.DataFrame({'a': [1, 2, 3], 'b': ['a', 'b', 'c'],'c': ["A","B","C"]})
   ...: df
Out[2]:
   a  b  c
0  1  a  A
1  2  b  B
2  3  c  C
In [3]: df.loc[:,"a"]   # 选择'a'列
Out[3]:
0   1
1   2
```

```
2    3
Name: a, dtype: int64
In [4]: df.loc[:,"a":"b"]   # 选择多列
Out[4]:
    a  b
0   1  a
1   2  b
2   3  c
In [5]: df.loc[:,"d"]=4  # 添加列
In [6]: df.loc[:,['b', 'a']] = df.loc[:,['a', 'b']].values  # 交换两列的值, 注意一定
#使用.values
    ...: df
Out[6]:
    a  b  c  d
0   a  1  A  4
1   b  2  B  4
2   c  3  C  4
In [7]: df.rename(columns={'b':'第二列'}, inplace=True)    # 替换指定的列名
    ...: df
Out[7]:
    a  第二列  c  d
0   a    1  A  4
1   b    2  B  4
2   c    3  C  4
In [8]: df.columns = df.columns.map(lambda x:x.upper()) # 全部大写
    ...: df
Out[8]:
    A  第二列  C  D
0   a    1  A  4
1   b    2  B  4
2   c    3  C  4
In [9]: del df['A']  # 删除列
    ...: df
Out[9]:
    第二列  C  D
0     1  A  4
```

```
1   2 B 4
2   3 C 4
```

4.3　分组对象 GroupBy

分组统计是一个比较常见的操作，我们需要对不同类别的数据分别观察。比如在一个班级中，我们想要获得男生的最大年龄和女生的最大年龄，这时就需要先按性别进行分组，然后分别统计最大年龄。

起始分组操作也是数据库的常见操作，其实我们可以把 DataFrame 看作是数据库中的一张表。

4.3.1　基本函数

基本函数可以用来查看分组的具体信息。示例代码如下。

```
In [1]: import pandas as pd
   ...: import numpy as np
In [2]: df = pd.DataFrame({'性别' : ['男', '女', '男', '女',
   ...:                           '男', '女', '男', '男'],
   ...:                     '成绩' : ['98', '93', '70', '56',
   ...:                            '67', '64', '89', '87'],
   ...:                     '年龄' : [15,14,15,12,13,14,15,16]})
   ...: df
Out[2]:
   性别  成绩  年龄
0  男   98   15
1  女   93   14
2  男   70   15
3  女   56   12
4  男   67   13
5  女   64   14
6  男   89   15
7  男   87   16
```

这里我们根据性别字段进行分组，创建 GroupBy 对象，男生一组，女生一组。

```
In [3]: GroupBy=df.groupby("性别")

In [4]: for name,group in GroupBy:  # 查看分组的具体信息
   ...:         print(name)
   ...:         print(group)
女
   性别   成绩   年龄
1  女    93   14
3  女    56   12
5  女    64   14
男
   性别   成绩   年龄
0  男    98   15
2  男    70   15
4  男    67   13
6  男    89   15
7  男    87   16
```

groups 属性可以用来查看分组的信息，从返回的结果中可以看到不同分组的样本在原数据框中的索引。

```
In [5]: GroupBy.groups    # 显示分组的组名，以及所对应的索引
Out[5]:
{'女': Int64Index([1, 3, 5], dtype='int64'),
 '男': Int64Index([0, 2, 4, 6, 7], dtype='int64')}

In [6]: GroupBy.indices   # 类似于 GroupBy.groups
Out[6]: {'女': array([1, 3, 5], dtype=int64), '男': array([0, 2, 4, 6, 7], dtype=
int64)}
```

get_group 方法可以用来获得指定分组的数据框。

```
In [7]: GroupBy.get_group("男")    # 获得指定分组
Out[7]:
   性别   成绩   年龄
0  男    98   15
2  男    70   15
4  男    67   13
6  男    89   15
7  男    87   16
```

head 方法和 tail 方法可以用来获得分组后每个组头尾的若干元素。

```
In [8]: GroupBy.head(2)    # 每个组头两个元素

Out[8]:

  性别  成绩  年龄

0  男   98   15

1  女   93   14

2  男   70   15

3  女   56   12

In [9]: GroupBy.tail(2)    # 每个组末尾两个元素

Out[9]:

  性别  成绩  年龄

3  女   56   12

5  女   64   14

6  男   89   15

7  男   87   16
```

nth 方法可以用来获得每个分组的若干元素。

```
In [10]: GroupBy.nth(1)    # 查看每个分组若干元素

Out[10]:

性别  年龄  成绩

女   12   56

男   15   70
```

4.3.2　统计函数

分组最主要的作用就是对各个组别进行分组描述。分组返回的是对各个组别统计的结果。

Count 方法用来计算每个分组样本的个数。

```
In [11]: GroupBy.count()    # 查看分组后元素个数

Out[11]:

性别  成绩  年龄

女    3    3

男    5    5
```

max 方法用来计算分组后，每个组的最大值。

```
In [12]: GroupBy.max()    # 每个组的最大值

Out[12]:

性别  成绩  年龄

女   93   14

男   98   16
```

min 方法用来计算分组后，每个组的最小值。

```
In [13]: GroupBy.min()    # 每个组的最小值
Out[13]:
性别    成绩    年龄
女     56     12
男     67     13
```

median 方法用来计算分组后，每个组的中位数。

```
In [14]: GroupBy.median()    # 每个组的中位数
Out[14]:
性别    年龄
女     14
男     15
```

sum 方法用来计算分组后，每个组的和。

```
In [15]: GroupBy.sum()    # 查看组的和
Out[15]:
性别    年龄
女     40
男     74
```

prod 方法用来计算分组后，每个组的乘积。

```
In [16]: GroupBy.prod()    # 每个组的乘积
Out[16]:
性别    年龄
女     2352
男     702000
```

std 方法用来计算分组后，每个组的标准差。

```
In [17]: GroupBy.std()    # 每个组的标准差
Out[17]:
性别    年龄
女     1.154701
男     1.095445
```

var 方法用来计算分组后，每个组的方差。

```
In [18]: GroupBy.var()    # 每个组的方差
Out[18]:
性别    年龄
```

女	1.333333
男	1.200000

agg 方法可以用来分别计算分组后每个组的和、均值和方差。

```
In [19]: GroupBy['年龄'].agg([np.sum, np.mean, np.std])    # 同时查看每个组的和、均值和
#标准差
Out[19]:
```

性别	sum	mean	std
女	40	13.333333	1.154701
男	74	14.800000	1.095445

第5章

可视化展示库——Matplotlib

Matplotlib 库是科学计算中比较出名的可视化展示库，它与 Numpy、Pandas 并称为 Python 科学计算的三剑客。在数据分析中，我们可以这样理解：Pandas 经常用来对数据做预处理，比如缺失值处理、异常值处理；而 Numpy 经常用来对数据建模和计算，最后我们会将计算的结果用 Matplolib 展示。数据可视化是数据分析中非常重要的一环，好的数据可视化方式可以将复杂的结果形象地展示出来。

由于 Matplotlib 库过于复杂，本章我们将从应用角度对其进行讲解。

5.1　作图类命令

Matplotlib 库包含很多对象和方法，要理清它的原理和方法是非常困难的。通常要绘制一幅图，我们可以通过不同的路径来实现相同的效果。本节将会介绍比较容易理解的作图方法，并将整个作图过程串联起来。首先要讲解的是作图类命令，它是 Matplotlib 库的核心，直接决定了数据是如何展示的。

5.1.1　折线图

折线图是最基础的图形，在 Matplotlib 库中使用 plot 方法来绘制。示例代码如下。

```
In [1]: import numpy as np
   ...: import matplotlib.pyplot as plt
In [2]: X = np.arange(0, 6.28, 0.1)
```

```
   ...: y = np.sin(X)
In [3]: plt.plot(X, y)
Out[3]: [<matplotlib.lines.Line2D at 0x8bd2198>]
```

结果如图 5.1 所示。

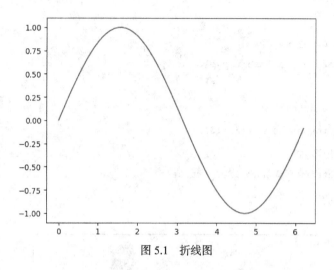

图 5.1　折线图

在 plot 方法中，我们可以通过传入颜色参数 c、线条宽度参数 lw、线条样式参数 ls 控制最终的呈现样式，这 3 个参数是我们经常使用到的。示例代码如下。

```
In [1]: import numpy as np
   ...: import matplotlib.pyplot as plt
In [2]: X = np.arange(0, 6.28, 0.1)
   ...: y = np.sin(X)
In [3]: plt.plot(X, y, ls='-.', lw=4, c='black')
Out[3]: [<matplotlib.lines.Line2D at 0x8bd1390>]
```

结果如图 5.2 所示。

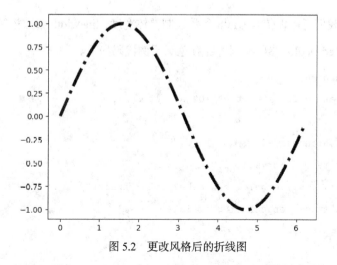

图 5.2　更改风格后的折线图

5.1.2 柱状图和条形图

Matplotlib 库中常使用 bar 方法来绘制柱状图。柱状图经常用来展示离散的数据。示例代码如下。

```
In [1]: import numpy as np
   ...: from matplotlib import pyplot as plt
In [2]: n = 8
   ...: X = np.arange(n)+1
   ...: y = np.random.normal(2,1.0,n)
In [3]: plt.bar(X, y)
Out[3]: <BarContainer object of 8 artists>
```

结果如图 5.3 所示。

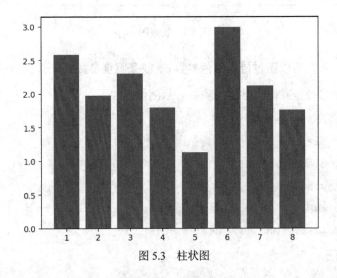

图 5.3 柱状图

在 bar 方法中，我们还可以传入 width 参数控制整体宽度，linewidth 参数控制边缘宽度，color 参数控制填充颜色，edgecolor 参数控制边缘颜色。示例代码如下。

```
In [1]: import numpy as np
   ...: from matplotlib import pyplot as plt
In [2]: n = 8
   ...: X = np.arange(n)+1
   ...: y = np.random.normal(2,1.0,n)
In [3]: plt.bar(X, y,width=1,linewidth=1,color="white",edgecolor="black")
Out[3]: <BarContainer object of 8 artists>
```

结果如图 5.4 所示。

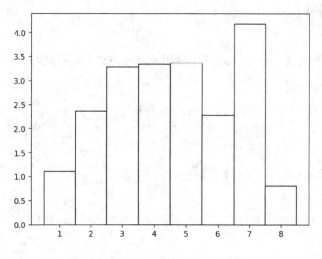

图 5.4 更改样式后的柱状图

条形图和柱状图属于同一类型,不过柱状图是垂直方向的,条形图是水平方向的,在 Matplotlib 库中使用 barh 方法来绘制条形图。示例代码如下。

```
In [1]: import numpy as np
   ...: from matplotlib import pyplot as plt
In [2]: n = 8
   ...: X = np.arange(n)+1
   ...: y = np.random.normal(2,1.0,n)
In [3]: plt.barh(X, y)
Out[3]: <BarContainer object of 8 artists>
```

结果如图 5.5 所示。

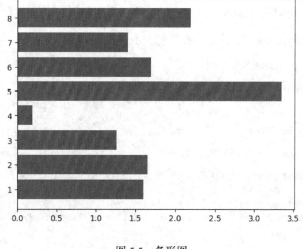

图 5.5 条形图

5.1.3　散点图

散点图常用来观察实例。Matplotlib 库中使用 scatter 方法来绘制散点图。示例代码如下。

```
In [1]: import numpy as np
   ...: from matplotlib import pyplot as plt
In [2]: n = 8
   ...: X = np.arange(n)+1
   ...: y = np.random.normal(2,1.0,n)
In [3]: plt.scatter(X, y)
Out[3]: <matplotlib.collections.PathCollection at 0x8f722b0>
```

结果如图 5.6 所示。

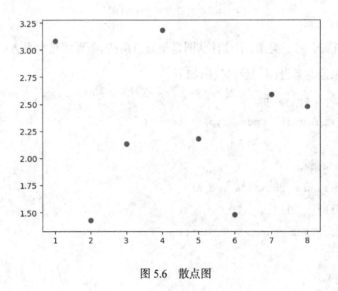

图 5.6　散点图

在 scatter 方法中，可以传入参数 s 控制点的大小，参数 marker 控制点的样式，参数 linewidths 控制边界宽度，参数 edgecolors 控制边界的颜色。示例代码如下。

```
In [1]: import numpy as np
   ...: from matplotlib import pyplot as plt
In [2]: n = 8
   ...: X = np.arange(n)+1
   ...: y = np.random.normal(2,1.0,n)
In [3]: plt.scatter(X, y, s= 100,marker='s',linewidths=1,color = 'white',edgecolors=
'black')
Out[3]: <matplotlib.collections.PathCollection at 0x8eff518>
```

结果如图 5.7 所示。

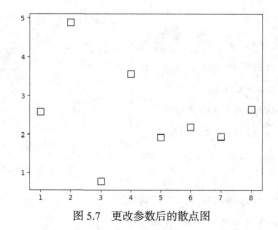

图 5.7　更改参数后的散点图

5.1.4　饼图

饼图主要用来展示整体和部分之间的关系。在 Matplotlib 库中主要使用 pie 方法来绘制饼图。

```
In [1]: import numpy as np
   ...: from matplotlib import pyplot as plt
In [2]: y = np.random.normal(2,1.0,8)
In [3]: plt.pie(y)
Out[3]:
([<matplotlib.patches.Wedge at 0x8f3f2b0>,
  <matplotlib.patches.Wedge at 0x8f3f780>,
  <matplotlib.patches.Wedge at 0x8f3fc50>,
  <matplotlib.patches.Wedge at 0x8f4f198>,
  <matplotlib.patches.Wedge at 0x8f4f6d8>,
  <matplotlib.patches.Wedge at 0x8f4fc18>,
  <matplotlib.patches.Wedge at 0x8f5a198>,
  <matplotlib.patches.Wedge at 0x8f5a6d8>],
......
```

结果如图 5.8 所示。

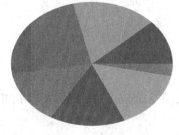

图 5.8　饼图

我们还可以通过传入参数 explode 设置中心偏离，参数 labels 设置饼图的标签，autopct 设置百分比显示。示例代码如下。

```
In [1]: import numpy as np
   ...: from matplotlib import pyplot as plt
In [2]: y = np.random.normal(2,1.0,8)
In [3]: labels=range(1,9)   # 设置标签
   ...: explode = [0.1]*8   # 设置偏离
In [4]: plt.pie(y,explode=explode,autopct='%1.1f%%',labels=labels)
Out[4]:
([<matplotlib.patches.Wedge at 0x8f01400>,
  <matplotlib.patches.Wedge at 0x8f01b70>,
  <matplotlib.patches.Wedge at 0x8f0a320>,
  <matplotlib.patches.Wedge at 0x8f0ab00>,
  <matplotlib.patches.Wedge at 0x8f19320>,
  <matplotlib.patches.Wedge at 0x8f19b00>,
  <matplotlib.patches.Wedge at 0x8f23320>,
  <matplotlib.patches.Wedge at 0x8f23b00>],
......
```

结果如图 5.9 所示。

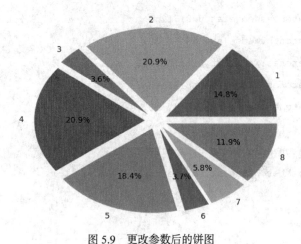

图 5.9　更改参数后的饼图

5.1.5　面积图

面积图是直线图的一种拓展，在 Matplotlib 库中可以使用 fill_between 方法和 fill_betweenx 方法来绘制面积图。

首先，使用 fill_between 方法绘制垂直方向上的面积图。示例代码如下。

```
In [1]: import numpy as np
   ...: from matplotlib import pyplot as plt
In [2]: n = 8
   ...: X = np.arange(n)+1
   ...: y1 = np.random.normal(2,1.0,n)
   ...: y2 = [-1]*n
In [3]: plt.fill_between(X,y1,y2)
Out[3]: <matplotlib.collections.PolyCollection at 0x8cf2278>
```

结果如图 5.10 所示。

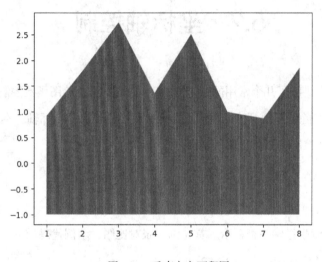

图 5.10　垂直方向面积图

接下来，使用 fill_betweenx 方法绘制水平方向上的面积图。示例代码如下。

```
In [1]: import numpy as np
   ...: from matplotlib import pyplot as plt
In [2]: n = 8
   ...: y = np.arange(n)+1
   ...: x1 = np.random.normal(2,1.0,n)
   ...: x2 = [-1]*n
In [3]: plt.fill_betweenx(y,x1,x2)
Out[3]: <matplotlib.collections.PolyCollection at 0x8f11278>
```

结果如图 5.11 所示。

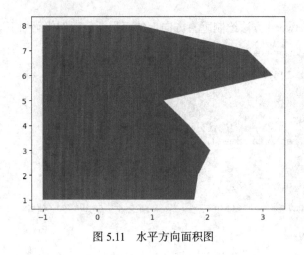

图 5.11　水平方向面积图

5.2　坐标轴控制

在 5.1 节中，重点讲解了几个常用的绘图方法（函数），这些绘图函数控制的是展示的结果。在一张完整的图片中，除了呈现具体结果的图形外，我们还要考虑坐标轴。本节介绍关于 x 轴与 y 轴的控制方法，比如控制它们的长度、显示方式等。

5.2.1　axis

通过 axis 方法控制坐标轴是否显示。首先画一张对比图，示例代码如下。

```
In [1]: from matplotlib import pyplot as plt
In [2]: plt.plot([0,1],[0,1])
Out[2]: [<matplotlib.lines.Line2D at 0x8f22198>]
```

结果如图 5.12 所示。

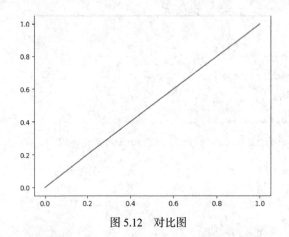

图 5.12　对比图

使用 axis 方法关闭坐标轴显示。示例代码如下。

```
In [1]: from matplotlib import pyplot as plt
In [2]: plt.plot([0,1],[0,1])
   ...: plt.axis('off')
Out[2]: (-0.05, 1.05, -0.05, 1.05)
```

结果如图 5.13 所示。

图 5.13　关闭坐标轴显示

5.2.2　xlim 与 ylim

在 Matplotlib 库中通过设置 xlim 方法与 ylim 方法设置坐标轴的长度。示例代码如下。

```
In [1]: from matplotlib import pyplot as plt
In [2]: plt.plot([0,1],[0,1])
   ...: plt.xlim(0,10)    # 设置 x 轴显示范围是 0~10
   ...: plt.ylim(0,10)    # 设置 y 轴显示范围是 0~10
Out[2]: (0, 10)
```

结果如图 5.14 所示。

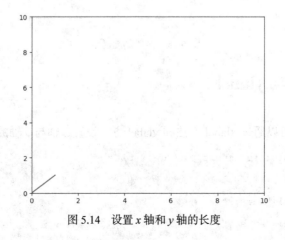

图 5.14　设置 x 轴和 y 轴的长度

5.2.3 xticks 与 yticks

在 Matplotlib 库中 xticks 方法和 yticks 方法用来控制刻度的显示，我们可以指定每个刻度的显示内容和样式。示例代码如下。

```
In [1]: from matplotlib import pyplot as plt
   ...:
   ...: plt.plot([0,1],[0,1])
   ...: plt.xticks([0,1,2,3],["a","b","c","d"])   # 将刻度 [0,1,2,3] 显示为 ["a","b",
"c","d"]
   ...: plt.yticks([0,1,2,3],["a","b","c","d"])   # 将刻度 [0,1,2,3] 显示为 ["a","b",
"c","d"]
   Out[1]:
   ([<matplotlib.axis.YTick at 0x8b71b38>,
     <matplotlib.axis.YTick at 0x8b71470>,
     <matplotlib.axis.YTick at 0x45d6518>,
     <matplotlib.axis.YTick at 0x8f1fa90>],
    <a list of 4 Text yticklabel objects>)
```

结果如图 5.15 所示。

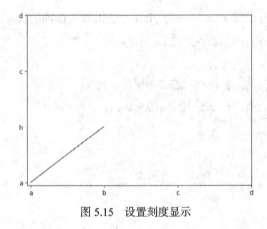

图 5.15　设置刻度显示

5.2.4 xlabel 与 ylabel

在 Matplotlib 库中可以通过 xlabel 方法和 ylabel 方法设置 x 轴与 y 轴的名称。示例代码如下。

```
In [1]: from matplotlib import pyplot as plt
In [2]: plt.plot([0,1],[0,1])
   ...: plt.xlabel("axis:x")
   ...: plt.ylabel("axis:y")
```

```
Out[2]: Text(0,0.5,'axis:y')
```

结果如图 5.16 所示。

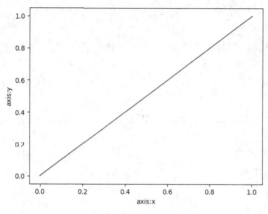

图 5.16 设置 x 轴与 y 轴的名称

5.3 其他设置

之前的作图过程中其实省略了创建绘图框的步骤，我们可以通过 figure 方法对绘图框进行调整。示例代码如下。

```
In [1]: from matplotlib import pyplot as plt
In [2]: plt.figure(figsize=(5,5))
   ...: plt.plot([0,1],[0,1])
Out[2]: [<matplotlib.lines.Line2D at 0x8cff400>]
```

结果如图 5.17 所示。

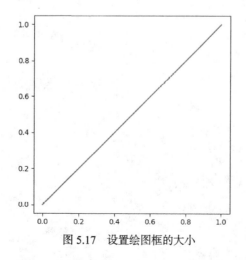

图 5.17 设置绘图框的大小

通过 title 方法设置图片的名称。示例代码如下。

```
In [1]: from matplotlib import pyplot as plt
In [2]: plt.plot([0,1],[0,1])
   ...: plt.title("name")
Out[2]: Text(0.5,1,'name')
```

结果如图 5.18 所示。

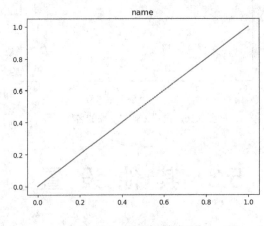

图 5.18　给图片添加标题

第6章
通用型开源机器学习库——Scikit

机器学习的算法众多，在生产环境中，我们往往没有那么多时间学习算法的原理，从零开始建模，而且，我们自己的模型需要经过很多打磨才能变得健壮。那么，有没有别人已经实现好的机器学习算法可以供我们调用呢？答案是有的。

Scikit（scikit-learn）库是一个通用型开源机器学习库，它几乎涵盖了所有机器学习算法，并且搭建了高效的数据挖掘框架。我们可以通过官网访问它，如图 6.1 所示。

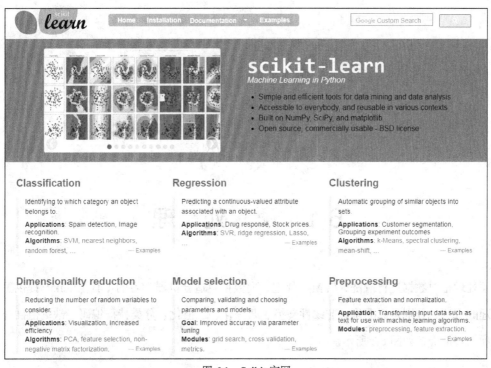

图 6.1　Scikit 官网

可以看到官网的宣传中主要提到其 4 个特点。

- 一个简单高效的数据挖掘和数据分析工具。

- 对于所有人都是易用的，而且可以在各个环境中使用。

- 它是基于 Numpy、Scipy 和 Matplotlib 的库。

- 开源，可以商用。

这个库另一个优点是库的设计十分有条理。Scikit 库主要分为以下 6 个板块。

- 分类（Classification）

- 回归（Regression）

- 聚类（Clustering）

- 降维（Dimensionality reduction）

- 模型选择（Model selection）

- 预处理（Preprocessing）

其中分类和回归问题被称为有监督学习，聚类问题被称为无监督学习。实际进行机器学习的过程一般依次为预处理、降维、有监督和无监督学习、模型选择，如图 6.2 所示。

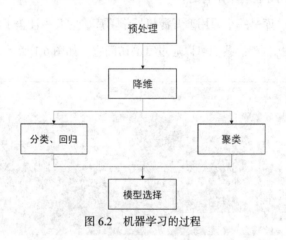

图 6.2 机器学习的过程

6.1 预 处 理

预处理指对数据进行清洗、转换等处理，使数据更适合机器学习的工具。Scikit 提供了一些预处理的方法，分别是标准化、非线性转换、归一化、二值化、分类特征编码、缺失值插补、生成多项式特征等，如图 6.3 所示。

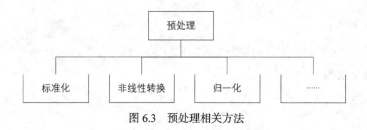

图 6.3　预处理相关方法

6.1.1　标准化

为什么要对数据进行标准化处理呢？在表 6.1 中可以看到收入这一列的数字特别大，而年龄这一列数字相比之下就特别小。因此，在某些机器学习过程中，收入特征就会表现得比较"抢眼"，而影响最终的模型效果。

表 6.1　　　　　　　　　　　　　标准化前的收入与年龄

序号	收入	年龄
对象 1	7688	32
对象 2	5788	29
对象 3	4600	25
对象 4	8900	35

所以我们要将这种差距去除，让大家在同一起跑线上。因此，将该表转换成另一种形式，如表 6.2 所示，转换方法为 scale 方法。

表 6.2　　　　　　　　　　　　　标准化后的收入与年龄

序号	收入	年龄
对象 1	0.56796	0.473016
对象 2	−0.57518	−0.33787
对象 3	−1.28994	−1.41905
对象 4	1.29716	1.2839

在 Scikit 中提供了 scale 方法对数据进行标准化。

1. 导入相关模块

```
In [1]: from sklearn import preprocessing
   ...: import numpy as np
```

2. 导入相关数据，下面我们都将以上述表格的数据为例

```
In [2]: X= np.array([[7688,32],
   ...:             [5788,29],
   ...:             [4600,25],
   ...:             [8900,35]])
```

3. 将数据标准化

```
In [3]: X_scaled = preprocessing.scale(X)
```

4. 查看标准化结果

```
In [4]: X_scaled
Out[4]:
array([[ 0.56796035,  0.47301616],
       [-0.57518019, -0.33786869],
       [-1.28994385, -1.41904849],
       [ 1.29716369,  1.28390102]])
```

5. 查看标准化后的均值

```
In [5]: X_scaled.mean()
Out[5]: -5.551115123125783e-17
```

6. 查看标准化后的标准差

```
In [6]: X_scaled.std()
Out[6]: 1.0
```

6.1.2 非线性转换

非线性转换类似于标准化处理，是将数据映射到[0,1]的均匀分布上。非线性转换将每个特征转换到相同的范围内或者分布内，使异常的数据变得平滑，受异常值的影响就会变小，但是这在一定程度上改变了特征内部和特征之间的距离和相关性。

1. 导入相关模块

```
In [1]: from sklearn import preprocessing
   ...: import numpy as np
```

2. 创建非线性转换对象

```
In [2]: quantile= preprocessing.QuantileTransformer(random_state=0)
```

3. 导入相关数据

```
In [3]: X= np.array([[7688,32],
   ...:              [5788,29],
   ...:              [4600,25],
   ...:              [8900,35]])
```

4. 进行线性转换

```
In [4]: X_trans=quantile.fit_transform(X)
```

5. 查看线性转换的结果，所有的数值都被转换为[0,1]区间内的数字

```
In [5]: X_trans
```

```
Out[5]:
array([[6.66666667e-01, 6.66666667e-01],
       [3.33333333e-01, 3.33333333e-01],
       [9.99999998e-08, 9.99999998e-08],
       [9.99999900e-01, 9.99999900e-01]])
```

6.1.3　归一化

归一化的作用是缩放单个样本，使其具有单位范数。归一化有两种方式，分别是范数"L1"和范数"L2"。

1.　导入相关模块

```
In [1]: from sklearn import preprocessing
   ...: import numpy as np
```

2.　导入相关数据

```
In [2]: X= np.array([[7688,32],
   ...:              [5788,29],
   ...:              [4600,25],
   ...:              [8900,35]])
```

3.　归一化数据

```
In [3]: X_norm = preprocessing.normalize(X, norm='l2')
```

4.　查看归一化之后的结果，要注意归一化针对的是每一行

```
In [4]: X_norm
Out[4]:
array([[0.99999134, 0.00416229],
       [0.99998745, 0.0050103 ],
       [0.99998523, 0.0054347 ],
       [0.99999227, 0.00393255]])
```

6.1.4　二值化

二值化的作用是将数值型的特征值转换为布尔型。

1.　导入相关模块

```
In [1]: from sklearn import preprocessing
   ...: import numpy as np
```

2.　导入相关数据

```
In [2]: X= np.array([[7688,32],
```

```
...:            [5788,29],
...:            [4600,25],
...:            [8900,35]])
```

3. 查看最后的编码结果

可以看到所有大于 100 的数字都被编码为 1，所有小于 100 的数字都被编码为 0。

```
In [3]: binary = preprocessing.Binarizer(threshold=100)
```

4. 查看相关结果

```
In [4]: binary
Out[4]:
array([[1, 0],
       [1, 0],
       [1, 0],
       [1, 0]])
```

6.1.5 分类特征编码

在机器学习过程中，我们经常会遇到字符串形式的特征。这时就需要将这些字符串类型的特征转换为数值型的特征。例如，"老师""学生""主任"，我们需要将这些字符串转换为整数，比如将"老师"转换为 0，将"学生"转换为 1，将"主任"转换为 2。

这样的转换会提高机器学习的计算效率，但是这样连续数值的输入会被分类器认为类别之间是有序的，然而实际上"老师""学生""主任"之间是无序的，而且没有大小的区别，这时就需要将这些数值进一步转换。

对此的解决思路就是将某个特征的 n 个可能转换为 n 个特征，转换后的特征是 0/1 二值数据。

1. 导入相关模块

```
In [1]: from sklearn import preprocessing
   ...: import numpy as np
```

2. 创建 One-Hot 编码对象

```
In [2]: enc = preprocessing.OneHotEncoder()
```

3. 导入模拟的数据

```
In [3]: X= np.array([[0,4],
   ...:            [1,5],
   ...:            [2,6],
   ...:            [3,7]])
```

4. 训练 One-Hot 编码对象

```
In [4]: enc.fit(X)
Out[4]:
OneHotEncoder(categorical_features='all', dtype=<class 'numpy.float64'>,
        handle_unknown='error', n_values='auto', sparse=True)
```

5. 查看编码后的结果

从 In[3]中可以看到第一列有 4 种情况，分别为 0、1、2、3，所以第一列会被分为 4 列。

0 表示为[1,0,0,0]，

1 表示为[0,1,0,0]，

2 表示为[0,0,1,0]，

3 表示为[0,0,0,1]。

同样的道理，第二列也被分为 4 列。

4 表示为[1,0,0,0]，

5 表示为[0,1,0,0]，

6 表示为[0,0,1,0]，

7 表示为[0,0,0,1]。

```
In [5]: enc.transform(X).toarray()
Out[5]:
array([[1., 0., 0., 0., 1., 0., 0., 0.],
       [0., 1., 0., 0., 0., 1., 0., 0.],
       [0., 0., 1., 0., 0., 0., 1., 0.],
       [0., 0., 0., 1., 0., 0., 0., 1.]])
```

6.1.6 缺失值插补

直接获得的数据不一定是完整的数据，里面可能存在缺失的情况。需要对这些有缺失的数据做一些处理，以补全它们。

1. 导入相关模块

```
In [1]: import numpy as np
   ...: from sklearn.preprocessing import Imputer
```

2. 创建插值对象

```
In [2]: imp = Imputer(missing_values='NaN', strategy='mean', axis=0)
```

3. 导入相关数据

```
In [3]: X= np.array([[0,4],
```

```
    ...:              [np.NaN,5],
    ...:              [np.NaN,6],
    ...:              [3,7]])
```

4. 训练插值模块

```
In [4]: imp.fit(X)

Out[4]: Imputer(axis=0, copy=True, missing_values='NaN', strategy='mean', verbose=0)
```

5. 进行转换

在 axis=0 的情况下，第一列有两个非空值，他们的均值是 1.5，所以空值全部都用 1.5 填充。

```
In [5]: imp.transform(X)

Out[5]:

array([[0. , 4. ],
       [1.5, 5. ],
       [1.5, 6. ],
       [3. , 7. ]])
```

6.1.7　生成多项式特征

在机器学习中，有些时候数据集的特征很少，这时就需要自己根据已有的特征构造一些新的特征。

1. 导入相关模块

```
In [1]: import numpy as np

    ...: from sklearn.preprocessing import PolynomialFeatures
```

2. 创建多项式特征对象

```
In [2]: poly = PolynomialFeatures(2)
```

3. 导入相关数据

```
In [3]: X= np.array([[0,4],
    ...:              [1,5],
    ...:              [2,6],
    ...:              [3,7]])
```

4. 训练多项式特征对象

```
In [4]: poly.fit(X)

Out[4]: PolynomialFeatures(degree=2, include_bias=True, interaction_only=False)
```

5. 将原数据转换为多项式

X 的特征已经从 (x_1, x_2) 转换为 $(1, x_1, x_2, x_1^2, x_1x_2, x_2^2)$。

```
In [5]: poly.transform(X)

Out[5]:
```

```
array([[ 1.,  0.,  4.,  0.,  0., 16.],
       [ 1.,  1.,  5.,  1.,  5., 25.],
       [ 1.,  2.,  6.,  4., 12., 36.],
       [ 1.,  3.,  7.,  9., 21., 49.]])
```

6.2　降　　维

在机器学习过程中，我们可能会碰到一些维度非常多的数据，当使用这些复杂维度数据学习时可能会产生以下两个问题。

● 维度多会造成过度拟合。

● 维度多会增加机器学习算法的复杂度，从而降低机器学习的效率。

Scikit 库中提供了 3 种降低维度的方法，它们分别是 PCA、随机投影和特征凝聚，如图 6.4 所示。在本书第 16 章中我们会详细讲解这些方法和思想。

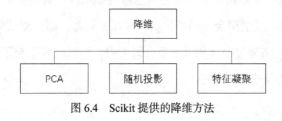

图 6.4　Scikit 提供的降维方法

6.3　有监督学习与无监督学习

有监督学习是指在训练模型过程中，已知正确结果。Scikit 中提供了多种有监督学习的方法，如图 6.5 所示。本书的第 8～15 章都属于有监督学习的范畴。

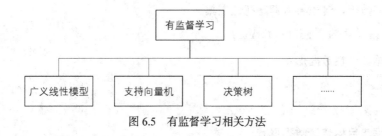

图 6.5　有监督学习相关方法

无监督学习是指在训练模型过程中，不给出目标变量，让算法自动寻找训练集中的规律。无监督学习的方法如图 6.6 所示。本书的第 18 章会具体阐述无监督学习的思想和方法。

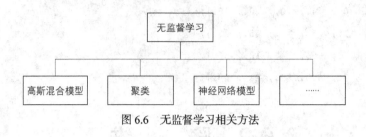

图 6.6   无监督学习相关方法

6.4　模　型　评　估

当我们对一个数据集选定模型，并进行训练之后，需要对这个模型进行评估，以判定该模型的优劣。不好的模型通常会出现以下两种情况。

- 欠拟合。欠拟合是指模型不能很好地适应和拟合已有的数据。欠拟合的模型在训练集和测试集上都会表现很差。
- 过度拟合。过度拟合是指模型非常完美地适应和拟合已有的数据，这将导致该模型的泛化能力严重下降。过度拟合在训练集上表现几乎完美，而在测试集上则表现得很差。

所以，最优的模型应该是欠拟合和过度拟合的折中，它既较好拟合了训练集又具有很好的泛化能力，即在测试集上也会有很好的表现。

6.4.1　测试集评分

在 Scikit 库中，提供了测试集评分的方法。让我们看一个简单的例子。

1. 导入相关模块

```
In [1]: from sklearn.model_selection import train_test_split
   ...: from sklearn import datasets
   ...: from sklearn import neighbors
```

2. 导入相关数据，这里导入鸢尾花数据集

```
In [2]: iris = datasets.load_iris()
```

3. 查看数据集属性数据形状

```
In [3]: iris['data'].shape
Out[3]: (150, 4)
```

4. 查看数据集目标变量数据形状

```
In [4]: iris['target'].shape
Out[4]: (150,)
```

5. 将数据集分割为训练集和测试集

这里分割比例是 4:1。

```
In [5]: X_train, X_test, y_train, y_test = train_test_split(iris.data, iris.target,
test_size=0.2, random_state=0)
```

6. 查看训练集数据

```
In [6]: X_train.shape
Out[6]: (120, 4)
```

7. 查看训练集数据

```
In [7]: y_train.shape
Out[7]: (120,)
```

8. 查看学习集数据

```
In [8]: X_test.shape
Out[8]: (30, 4)
```

9. 查看学习集数据

```
In [9]: y_test.shape
Out[9]: (30,)
```

10. 创建 knn 分类器对象

```
In [10]: knn = neighbors.KNeighborsClassifier(3)
```

11. 训练模型

```
In [11]: knn.fit(X_train, y_train)
Out[11]:
KNeighborsClassifier(algorithm='auto', leaf_size=30, metric='minkowski',
          metric_params=None, n_jobs=1, n_neighbors=3, p=2,
          weights='uniform')
```

12. 对测试结果进行评分

```
In [12]: knn.score(X_test,y_test)
Out[12]: 0.9666666666666667
```

从以上结果看，该模型的得分不错。我们可以调整模型的参数，对每一次最后的得分进行比较，然后选择得分较高的参数模型作为最终结果。

但是，可能在某次实验上，测试集和训练集同时出现了过度拟合的情况，从而导致真实的应用过程中泛化能力降低的结果，如图 6.7 所示。

为了避免这种情况，我们需要设置一个验证集，当模型训练完成以后，先在验证集上对模型进行评估，然后选择评估分数最高的模型，再在测试集上进行最终的测试，如图 6.8 所示。

图 6.7 将数据分割为训练集和测试集，可能同时出现过度拟合 图 6.8 将数据分割为训练集、验证集和测试集

这是比较标准的模型评估过程，但是这并不是最优的办法。虽然验证集的设置可以有效避免测试集出现过度拟合的情况，但是现在元数据被分为 3 部分：训练集、验证集和测试集，训练集的数据量会大大减少，这可能造成训练模型的效果很差。另外，由于验证集和测试集是一次选择，所以最后的模型评估结果有很大的随机性。

交叉验证（Cross-validation）很好地解决了上面两个问题。交叉验证多次选择测试集做评估，有效避免了随机性带来的误差。而且交叉验证不需要选择验证集，这样就避免了数据的浪费，使训练集中有足够的样本数量。

交叉验证最基本的方法是 K 折交叉验证（K-fold Cross Validation），原理如图 6.9 所示。

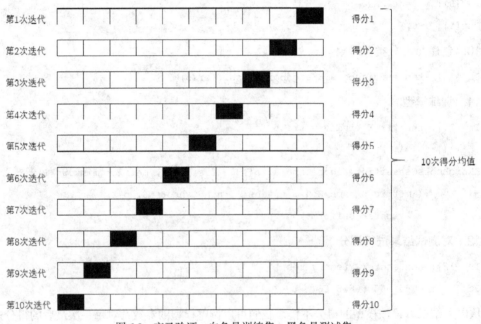

图 6.9 交叉验证，白色是训练集，黑色是测试集

第 1 步，将原始数据随机分为 k 份。

第 2 步，每次挑选其中 $k-1$ 份作为训练集，剩余的 1 份作为测试集进行训练。

第 3 步，循环第 2 步 k 次，这样每一份都会被作为测试集。

第 4 步，计算 k 组测试集评估结果的平均值作为模型的最终得分。

交叉验证唯一的缺点就是计算代价相对较高。实现交叉验证可以调用 Scikit 中提供的

cross_val_score 辅助函数，实例如下。

1. 导入相关模块

```
In [1]: from sklearn import datasets
   ...: from sklearn import neighbors
   ...: from sklearn.model_selection import cross_val_score
```

2. 导入相关数据集

```
In [2]: iris = datasets.load_iris()
```

3. 创建 knn 分类器对象

```
In [3]: knn = neighbors.KNeighborsClassifier(3)
```

4. 对分类器进行交叉验证

```
In [4]: scores = cross_val_score(knn, iris['data'], iris['target'], cv=10)
```

5. 查看验证结果

本例验证结果是每次迭代的分数，可以看到最低得分只有 0.86，而最高的分数是 1。

```
In [5]: scores
Out[5]:
array([1.        , 0.93333333, 1.        , 0.93333333, 0.86666667,
       1.        , 0.93333333, 1.        , 1.        , 1.        ])
```

6. 查看均值

```
In [6]: scores.mean()
Out[6]: 0.9666666666666666
```

7. 查看标准差

```
In [7]: scores.std()
Out[7]: 0.04472135954999579
```

6.4.2　交叉验证迭代器

讲解了交叉验证的基本思想之后，接下来将学习几个常用的交叉迭代器及其使用方法。

1. K 折交叉验证

K 折交叉验证（KFold）会将数据集划分为 k 个分组，成为折叠（fold）。如果 k 的值等于数据集实例的个数，那么每次的测试集就只有一个，这种处理方式称为"留一"。

Scikit 中提供了 KFold 方法进行分组。

（1）导入相关模块

```
In [1]: from sklearn.model_selection import KFold
```

（2）导入相关数据

```
In [2]: X = ["a", "b", "c", "d", "e", "f"]
```

（3）设置分组

这里选择分成 3 份。

```
In [3]: kf = KFold(n_splits=3)
```

（4）查看分组结果

```
In [4]: for train, test in kf.split(X):
   ...:     print("%s-%s" % (train, test))
[2 3 4 5]-[0 1]
[0 1 4 5]-[2 3]
[0 1 2 3]-[4 5]
```

2. 重复 K 折交叉验证

KFold 方法采用的是不放回的抽样方法，Scikit 中还提供了重复 K 折交叉验证（RepeatedKFold）方法进行重复抽样。

（1）导入相关模块

```
In [1]: from sklearn.model_selection import RepeatedKFold
```

（2）导入相关数据

```
In [2]: X = ["a", "b", "c", "d", "e", "f"]
```

（3）创建重复 K 折交叉验证对象

```
In [3]: rkf = RepeatedKFold(n_splits=3, n_repeats=2,)
```

（4）查看分组结果

和 KFold 不同的地方是，RepeatedKFold 可以进行有放回的抽取。

```
In [4]: for train, test in rkf.split(X):
   ...:     print("%s-%s" % (train, test))
[1 3 4 5]-[0 2]
[0 1 2 3]-[4 5]
[0 2 4 5]-[1 3]
[0 2 4 5]-[1 3]
[0 1 3 4]-[2 5]
[1 2 3 5]-[0 4]
```

3. 留一交叉验证

留一交叉验证（LeaveOneOut）是 KFold 的特殊情况，它的 k 值等于数据集实例的个数。留一交叉验证的优点是每次训练的训练集都包含除了一个样本之外的所有样本，所以保证了训练集尽可能大。

（1）导入相关模块

```
In [1]: from sklearn.model_selection import LeaveOneOut
```

（2）导入相关数据

```
In [2]: X = ["a", "b", "c", "d", "e", "f"]
```

（3）创建留一交叉验证对象

```
In [3]: loo = LeaveOneOut()
```

（4）查看输出结果

```
In [4]: for train, test in loo.split(X):
   ...:        print("%s-%s" % (train, test))
[1 2 3 4 5]-[0]
[0 2 3 4 5]-[1]
[0 1 3 4 5]-[2]
[0 1 2 4 5]-[3]
[0 1 2 3 5]-[4]
[0 1 2 3 4]-[5]
```

4. 留 P 交叉验证

留 P 交叉验证是指选定 P 个样本作测试集，然后输出所有可能的训练-测试集对。与 LeaveOneOut 和 KFold 不同的地方是，当 $P>1$ 时，该验证的测试集会有重叠。

（1）导入相关模块

```
In [1]: from sklearn.model_selection import LeavePOut
```

（2）导入相关数据

```
In [2]: X = ["a", "b", "c", "d", "e", "f"]
```

（3）创建留 P 交叉验证模型

```
In [3]: lpo = LeavePOut(p=2)
```

（4）查看分组结果

```
In [4]: for train, test in lpo.split(X):
   ...:        print("%s-%s" % (train, test))
[2 3 4 5]-[0 1]
[1 3 4 5]-[0 2]
[1 2 4 5]-[0 3]
[1 2 3 5]-[0 4]
[1 2 3 4]-[0 5]
[0 3 4 5]-[1 2]
[0 2 4 5]-[1 3]
```

```
[0 2 3 5]-[1 4]
[0 2 3 4]-[1 5]
[0 1 4 5]-[2 3]
[0 1 3 5]-[2 4]
[0 1 3 4]-[2 5]
[0 1 2 5]-[3 4]
[0 1 2 4]-[3 5]
[0 1 2 3]-[4 5]
```

5. 随机排列交叉验证

随机排列交叉验证会将数据集分散，然后随机排列，划分为一对测试集和训练集。

（1）导入相关模块

```
In [1]: from sklearn.model_selection import ShuffleSplit
```

（2）导入相关数据

```
In [2]: X = ["a", "b", "c", "d", "e", "f"]
```

（3）创建随机排列交叉验证对象

```
In [3]: ss = ShuffleSplit(n_splits=3, test_size=0.25)
```

（4）查看分组结果

```
In [4]: for train_index, test_index in ss.split(X):
   ...:         print("%s-%s" % (train_index, test_index))
[4 5 1 0]-[3 2]
[3 1 4 2]-[0 5]
[0 3 1 4]-[2 5]
```

6.4.3　分层交叉验证迭代器

有些数据集分布并不均匀，因此在训练模型后会出现极大的不平衡。这时就需要采用分层抽样，即分层交叉验证迭代器。

（1）导入相关模块

```
In [1]: from sklearn.model_selection import StratifiedKFold
```

（2）导入相关数据

```
In [2]: X = ["a", "b", "c", "d", "e", "f"]
```

（3）导入相关数据

```
In [3]: y = [0, 0, 1, 1, 1, 1,]
```

（4）创建分层交叉验证对象

```
In [4]: skf = StratifiedKFold(n_splits=2)
```

（5）查看分组结果

```
In [5]: for train, test in skf.split(X, y):
    ...:       print("%s-%s" % (train, test))
[1 4 5]-[0 2 3]
[0 2 3]-[1 4 5]
```

6.4.4　分组迭代器

有时测试集的数据可能是分组得来的，这时可能出现的情况就是组内的各个变量之间不是独立的，而组间是独立的。我们需要去除这个影响因素，也就是说测试集中的样本组别不能来自训练集中样本的组别。

分组迭代器有以下几种。

1.　组 K 折

（1）导入相关模块

```
In [1]: from sklearn.model_selection import GroupKFold
```

（2）导入相关数据

```
In [2]: X = ["a", "b", "c", "d", "e", "f"]
```

（3）导入相关数据

```
In [3]: y = [0, 0, 1, 1, 1, 1,]
```

（4）导入分组标签

```
In [4]: groups = [1, 1, 2, 2, 2, 2]
```

（5）创建分组对象

```
In [5]: gkf = GroupKFold(n_splits=2)
```

（6）查看分组结果

```
In [6]: for train, test in gkf.split(X, y, groups=groups):
    ...:       print("%s-%s" % (train, test))
[0 1]-[2 3 4 5]
[2 3 4 5]-[0 1]
```

2.　留一组交叉验证

（1）导入相关模块

```
In [1]: from sklearn.model_selection import LeaveOneGroupOut
```

（2）导入相关数据

```
In [2]: X = ["a", "b", "c", "d", "e", "f"]
```

（3）导入相关数据

```
In [3]: y = [0, 0, 1, 1, 1, 1,]
```

（4）导入分组标签

```
In [4]: groups = [1, 2, 2, 2, 2, 2]
```

（5）创建分组对象

```
In [5]: logo = LeaveOneGroupOut()
```

（6）查看分组结果

```
In [6]: for train, test in logo.split(X, y, groups=groups):
   ...:     print("%s-%s" % (train, test))
[1 2 3 4 5]-[0]
[0]-[1 2 3 4 5]
```

3. 留 P 组交叉验证

（1）导入相关模块

```
In [1]: from sklearn.model_selection import LeavePGroupsOut
```

（2）导入相关数据

```
In [2]: X = ["a", "b", "c", "d", "e", "f"]
```

（3）导入相关数据

```
In [3]: y = [0, 0, 1, 1, 1, 1,]
```

（4）导入分组标签

```
In [4]: groups = [1, 1, 2, 2, 3, 3]
```

（5）创建分组对象

```
In [5]: lpgo = LeavePGroupsOut(n_groups=2)
```

（6）查看分组结果

```
In [6]: for train, test in lpgo.split(X, y, groups=groups):
   ...:     print("%s-%s" % (train, test))
[4 5]-[0 1 2 3]
[2 3]-[0 1 4 5]
[0 1]-[2 3 4 5]
```

4. 随机排列组交叉验证

（1）导入相关模块

```
In [1]: from sklearn.model_selection import GroupShuffleSplit
```

（2）导入相关数据

```
In [2]: X = ["a", "b", "c", "d", "e", "f"]
```

（3）导入相关数据

```
In [3]: y = [0, 0, 1, 1, 1, 1,]
```

（4）导入分组标签

```
In [4]: groups = [1, 1, 2, 2, 3, 3]
```

（5）创建分组对象

```
In [5]: gss = GroupShuffleSplit(n_splits=3, test_size=0.5)
```

（6）查看分组结果

```
In [6]: for train, test in gss.split(X, y, groups=groups):
    ...:     print("%s-%s" % (train, test))
[4 5]-[0 1 2 3]
[0 1]-[2 3 4 5]
[4 5]-[0 1 2 3]
```

6.4.5　时间序列交叉验证

Scikit 中还提供了专门用于时间序列模型的交叉验证器。

（1）导入相关模块

```
In [1]: from sklearn.model_selection import TimeSeriesSplit
```

（2）导入相关数据

```
In [2]: X = ["a", "b", "c", "d", "e", "f"]
```

（3）导入相关数据

```
In [3]: y = [0, 0, 1, 1, 1, 1,]
```

（4）创建分组对象

```
In [4]: tscv = TimeSeriesSplit(n_splits=3)
```

（5）查看分组结果

```
In [5]: for train, test in tscv.split(X):
    ...:     print("%s-%s" % (train, test))
[0 1 2]-[3]
[0 1 2 3]-[4]
[0 1 2 3 4]-[5]
```

第7章
机器学习常用数据集

本章将介绍 5 个机器学习常用的数据集,分别是 boston 房价数据集、diabetes 糖尿病数据集、digits 手写字体识别数据集、iris 鸢尾花数据集以及 wine 红酒数据集。

7.1　boston 房价数据集

boston 房价数据集共有 506 个样本,每个样本有 13 个特征变量和 1 个目标变量。每一个样本代表波士顿(Boston)的一个区域(城镇)。

7.1.1　数据集基本信息描述

实例个数:506

特征个数:14

特征信息:

　--CRIM:城镇人均犯罪率。

　--ZN:住宅用地超过 25000 平方英尺(1 平方英尺 = 0.093 平方米)的比例。

　--INDUS:城镇非商业用地的比例。

　--CHAS:查理斯河空变量(如果边界是河流,则为 1,否则为 0)。

　--NOX:一氧化氮浓度。

　--RM:住宅平均房间数。

--AGE：1940 年之前建成的自用房屋比例。

--DIS：到波士顿 5 个中心的加权距离。

--RAD：辐射公路的可达指数。

--TAX：每 10000 美元的全值财产税率。

--PTRATIO：城镇师生比例。

--B：1000（Bk-0.63）^2。

--LSTAT：人口中地位低下者的比例。

--MEDV：自住房的平均房价，以千美元计。

丢失特征信息：无

这个数据集并没有给定目标变量，一般我们将"MEDV"特征作为目标变量。

7.1.2　数据探索

该数据探索具体操作如下。

1. 导入相应模块

```
In [1]: from sklearn.datasets import load_boston
```

2. 导入 boston 数据集

```
In [2]: boston = load_boston()
```

3. 查看 boston 数据集结构

data 是特征数据，target 是目标变量数据，feature_names 是特征名称。

```
In [3]: boston.keys()
Out[3]: dict_keys(['data', 'target', 'feature_names', 'DESCR'])
```

4. 查看 boston 数据集的特征数据结构

共有 506 个实例，每个实例有 13 个特征。

```
In [4]: boston['data'].shape
Out[4]: (506, 13)
```

5. 查看 boston 数据集特征数据的具体数值

```
In [5]: boston['data']
Out[5]:
array([[6.3200e-03, 1.8000e+01, 2.3100e+00, ..., 1.5300e+01, 3.9690e+02,
        4.9800e+00],
       [2.7310e-02, 0.0000e+00, 7.0700e+00, ..., 1.7800e+01, 3.9690e+02,
        9.1400e+00],
       [2.7290e-02, 0.0000e+00, 7.0700e+00, ..., 1.7800e+01, 3.9283e+02,
```

```
      4.0300e+00],
      ...,
      [6.0760e-02, 0.0000e+00, 1.1930e+01, ..., 2.1000e+01, 3.9690e+02,
       5.6400e+00],
      [1.0959e-01, 0.0000e+00, 1.1930e+01, ..., 2.1000e+01, 3.9345e+02,
       6.4800e+00],
      [4.7410e-02, 0.0000e+00, 1.1930e+01, ..., 2.1000e+01, 3.9690e+02,
       7.8800e+00]])
```

6. 查看 boston 数据集的特征名称

```
In [6]: boston["feature_names"]
Out[6]:
array(['CRIM', 'ZN', 'INDUS', 'CHAS', 'NOX', 'RM', 'AGE', 'DIS', 'RAD',
       'TAX', 'PTRATIO', 'B', 'LSTAT'], dtype='<U7')
```

7. 查看 boston 数据集目标变量的结构

```
In [7]: boston['target'].shape
Out[7]: (506,)
```

8. 查看 boston 数据集目标变量的具体数据

该目标变量就是 MEDV（自住房的平均房价）。

```
In [8]: boston['target']
Out[8]:
array([24. , 21.6, 34.7, 33.4, 36.2, 28.7, 22.9, 27.1, 16.5, 18.9, 15. ,
       18.9, 21.7, 20.4, 18.2, 19.9, 23.1, 17.5, 20.2, 18.2, 13.6, 19.6,
       15.2, 14.5, 15.6, 13.9, 16.6, 14.8, 18.4, 21. , 12.7, 14.5, 13.2,
       13.1, 13.5, 18.9, 20. , 21. , 24.7, 30.8, 34.9, 26.6, 25.3, 24.7,
       21.2, 19.3, 20. , 16.6, 14.4, 19.4, 19.7, 20.5, 25. , 23.4, 18.9,
       35.4, 24.7, 31.6, 23.3, 19.6, 18.7, 16. , 22.2, 25. , 33. , 23.5,
       19.4, 22. , 17.4, 20.9, 24.2, 21.7, 22.8, 23.4, 24.1, 21.4, 20. ,
       20.8, 21.2, 20.3, 28. , 23.9, 24.8, 22.9, 23.9, 26.6, 22.5, 22.2,
       23.6, 28.7, 22.6, 22. , 22.9, 25. , 20.6, 28.4, 21.4, 38.7, 43.8,
       33.2, 27.5, 26.5, 18.6, 19.3, 20.1, 19.5, 19.5, 20.4, 19.8, 19.4,
       21.7, 22.8, 18.8, 18.7, 18.5, 18.3, 21.2, 19.2, 20.4, 19.3, 22. ,
       20.3, 20.5, 17.3, 18.8, 21.4, 15.7, 16.2, 18. , 14.3, 19.2, 19.6,
       23. , 18.4, 15.6, 18.1, 17.4, 17.1, 13.3, 17.8, 14. , 14.4, 13.4,
       15.6, 11.8, 13.8, 15.6, 14.6, 17.8, 15.4, 21.5, 19.6, 15.3, 19.4,
       17. , 15.6, 13.1, 41.3, 24.3, 23.3, 27. , 50. , 50. , 50. , 22.7,
       25. , 50. , 23.8, 23.8, 22.3, 17.4, 19.1, 23.1, 23.6, 22.6, 29.4,
       23.2, 24.6, 29.9, 37.2, 39.8, 36.2, 37.9, 32.5, 26.4, 29.6, 50. ,
```

```
32. , 29.8, 34.9, 37. , 30.5, 36.4, 31.1, 29.1, 50. , 33.3, 30.3,
34.6, 34.9, 32.9, 24.1, 42.3, 48.5, 50. , 22.6, 24.4, 22.5, 24.4,
20. , 21.7, 19.3, 22.4, 28.1, 23.7, 25. , 23.3, 28.7, 21.5, 23. ,
26.7, 21.7, 27.5, 30.1, 44.8, 50. , 37.6, 31.6, 46.7, 31.5, 24.3,
31.7, 41.7, 48.3, 29. , 24. , 25.1, 31.5, 23.7, 23.3, 22. , 20.1,
22.2, 23.7, 17.6, 18.5, 24.3, 20.5, 24.5, 26.2, 24.4, 24.8, 29.6,
42.8, 21.9, 20.9, 44. , 50. , 36. , 30.1, 33.8, 43.1, 48.8, 31. ,
36.5, 22.8, 30.7, 50. , 43.5, 20.7, 21.1, 25.2, 24.4, 35.2, 32.4,
32. , 33.2, 33.1, 29.1, 35.1, 45.4, 35.4, 46. , 50. , 32.2, 22. ,
20.1, 23.2, 22.3, 24.8, 28.5, 37.3, 27.9, 23.9, 21.7, 28.6, 27.1,
20.3, 22.5, 29. , 24.8, 22. , 26.4, 33.1, 36.1, 28.4, 33.4, 28.2,
22.8, 20.3, 16.1, 22.1, 19.4, 21.6, 23.8, 16.2, 17.8, 19.8, 23.1,
21. , 23.8, 23.1, 20.4, 18.5, 25. , 24.6, 23. , 22.2, 19.3, 22.6,
19.8, 17.1, 19.4, 22.2, 20.7, 21.1, 19.5, 18.5, 20.6, 19. , 18.7,
32.7, 16.5, 23.9, 31.2, 17.5, 17.2, 23.1, 24.5, 26.6, 22.9, 24.1,
18.6, 30.1, 18.2, 20.6, 17.8, 21.7, 22.7, 22.6, 25. , 19.9, 20.8,
16.8, 21.9, 27.5, 21.9, 23.1, 50. , 50. , 50. , 50. , 50. , 13.8,
13.8, 15. , 13.9, 13.3, 13.1, 10.2, 10.4, 10.9, 11.3, 12.3,  8.8,
 7.2, 10.5,  7.4, 10.2, 11.5, 15.1, 23.2,  9.7, 13.8, 12.7, 13.1,
12.5,  8.5,  5. ,  6.3,  5.6,  7.2, 12.1,  8.3,  8.5,  5. , 11.9,
27.9, 17.2, 27.5, 15. , 17.2, 17.9, 16.3,  7. ,  7.2,  7.5, 10.4,
 8.8,  8.4, 16.7, 14.2, 20.8, 13.4, 11.7,  8.3, 10.2, 10.9, 11. ,
 9.5, 14.5, 14.1, 16.1, 14.3, 11.7, 13.4,  9.6,  8.7,  8.4, 12.8,
10.5, 17.1, 18.4, 15.4, 10.8, 11.8, 14.9, 12.6, 14.1, 13. , 13.4,
15.2, 16.1, 17.8, 14.9, 14.1, 12.7, 13.5, 14.9, 20. , 16.4, 17.7,
19.5, 20.2, 21.4, 19.9, 19. , 19.1, 19.1, 20.1, 19.9, 19.6, 23.2,
29.8, 13.8, 13.3, 16.7, 12. , 14.6, 21.4, 23. , 23.7, 25. , 21.8,
20.6, 21.2, 19.1, 20.6, 15.2,  7. ,  8.1, 13.6, 20.1, 21.8, 24.5,
23.1, 19.7, 18.3, 21.2, 17.5, 16.8, 22.4, 20.6, 23.9, 22. , 11.9])
```

7.2 diabetes 糖尿病数据集

diabetes 糖尿病数据集是一个关于糖尿病患者病情的数据集，共有 442 位糖尿病患者的 11 个变量，包含 10 种特征变量，分别是年龄（age）、性别（sex）、体重指标（bmi）、平均血压（bp）和 6 种血清测量指标（s1~s6），以及一个目标变量——疾病级数（dp）。其中，10 种因变量已经做了标准化处理。

7.2.1 数据基本信息描述

实例个数：442

特征个数：10

特征名称：

--age（年龄）

--sex（性别）

--body mass index（身体质量指数）

--average blood pressure（平均血压）

--s1（血清的化验数据）

--s2（血清的化验数据）

--s3（血清的化验数据）

--s4（血清的化验数据）

--s5（血清的化验数据）

--s6（血清的化验数据）

目标变量：第 11 列，记录了从基准时间一年后疾病的进展。

这个数据集的数据值都经过了标准化处理。

7.2.2 数据探索

该数据探索具体操作如下。

1. 导入必要的模块

```
In [1]: from sklearn import datasets
```

2. 导入数据集

```
In [2]: diabetes = datasets.load_diabetes()   # 导入数据集
```

3. 查看数据集的内容

数据集是一个字典，包含 4 部分：因变量数据（data）、目标变量数据（target）、数据集描述（DESCR）、变量的标签名（feature_names），如下所示。

```
In [3]: diabetes.keys()   # 查看数据集都包含哪些内容
Out[3]: dict_keys(['data', 'target', 'DESCR', 'feature_names'])
```

4. 查看变量的标签名

```
In [4]: diabetes['feature_names']   # 查看变量的标签名
```

```
Out[4]: ['age', 'sex', 'bmi', 'bp', 's1', 's2', 's3', 's4', 's5', 's6']
```

5. 查看变量对应的值

```
In [5]: diabetes['data']   # 查看变量对应的值
```

6. 查看目标变量，即糖尿病病情的评级

```
In [6]: diabetes['target'] # 查看目标变量,即糖尿病病情的评级
```

7. 观察目标变量

```
In [7]: y=diabetes['target']
   ...: diabetes['target'].min(),diabetes['target'].max(),diabetes['target'].ptp()
                        # 观察目标变量, 最小值, 最大值, 最大值-最小值
Out[7]: (25.0, 346.0, 321.0)
```

8. 观察体重指标变量

```
In [8]: x = diabetes.data[:,2] # 取体重指标列
   ...: x=x.reshape(442,1)   # 转置
   ...: x.min(),x.max(),x.ptp()  # 查看体重指标列最小值、最大值、最大值-最小值
Out[8]: (-0.0902752958985185 01, 0.17055522598066, 0.26083052187917849)
```

7.3　digits 手写字体识别数据集

图像识别是机器学习的一个重要的分支应用。其实图像识别对我们来说并不陌生，比如手机上图像识别技术的应用——照相机功能，照相机功能中有一个辅助选项是人脸识别，这个就是图像识别技术。

本节介绍的手写字体识别属于图像识别，它主要解决的问题是将手写字体的图像转换为计算机可以识别的字符。这个应用非常广泛，比如将大量的手写文档资料转换为电子资料，然后对这些资料做自然语言处理。

那么如何将手写字体的图像转换为字符呢？这要用到后续章节将讲到的分类算法。在这之前，我们先看一看，计算机是如何存储这些手写字体图像的。先来看一个手写字体的图片，如图 7.1 所示。

计算机通过表 7.1 中的数字将图 7.1 中的数字 0 展示出来了，可以看到，手写字体的图片可以和表 7.1 一一对应。表 7.1 是一个 8×8 的矩阵，矩阵中每个元素的大小代表了图 7.1 中数字在对应位置的像素点的深浅，比如[2,2]点的数值是 15，那么图 7.1 对应位置的颜色也就比较深。

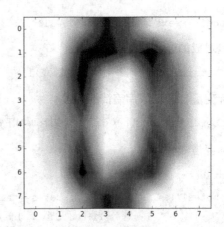

图 7.1　手写字体 0，右边是放大后的效果

表 7.1　　　　　　　　　　　　　　手写字体 0 在计算机的存储方式

0	0	5	13	9	1	0	0
0	0	13	15	10	15	5	0
0	3	15	2	0	11	8	0
0	4	12	0	0	8	8	0
0	5	8	0	0	9	8	0
0	4	11	0	1	12	7	0
0	2	14	5	10	12	0	0
0	0	6	13	10	0	0	0

同样地，我们还可以给出其他手写字体对应的图片和矩阵信息。手写字体 1 对应的图片和矩阵信息如图 7.2 和表 7.2 所示。

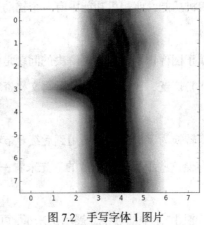

图 7.2　手写字体 1 图片

表 7.2　　　　　　　　　　　　　　手写字体 1 矩阵

0	0	0	12	13	5	0	0
0	0	0	11	16	9	0	0
0	0	3	15	16	6	0	0
0	7	15	16	16	2	0	0

续表

0	0	1	16	16	3	0	0
0	0	1	16	16	6	0	0
0	0	1	16	16	6	0	0
0	0	0	11	16	10	0	0

手写字体 2 对应的图片和矩阵信息如图 7.3 和表 7.3 所示。

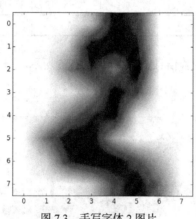

图 7.3　手写字体 2 图片

表 7.3　　　　　　　　　　　　手写字体 2 矩阵

0	0	0	4	15	12	0	0
0	0	3	16	15	14	0	0
0	0	8	13	8	16	0	0
0	0	1	6	15	11	0	0
0	1	8	13	15	1	0	0
0	9	16	16	5	0	0	0
0	3	13	16	16	11	5	0
0	0	0	3	11	16	9	0

手写字体 3 对应的图片和矩阵信息如图 7.4 和表 7.4 所示。

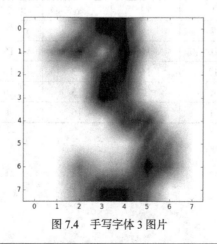

图 7.4　手写字体 3 图片

表 7.4   手写字体 3 矩阵

0	0	7	15	13	1	0	0
0	8	13	6	15	4	0	0
0	2	1	13	13	0	0	0
0	0	2	15	11	1	0	0
0	0	0	1	12	12	1	0
0	0	0	0	1	10	8	0
0	0	8	4	5	14	9	0
0	0	7	13	13	9	0	0

手写字体 4 对应的图片和矩阵信息如图 7.5 和表 7.5 所示。

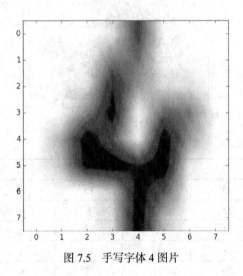

图 7.5 手写字体 4 图片

表 7.5   手写字体 4 矩阵

0	0	0	1	11	0	0	0
0	0	0	7	8	0	0	0
0	0	1	13	6	2	2	0
0	0	7	15	0	9	8	0
0	5	16	10	0	16	6	0
0	4	15	16	13	16	1	0
0	0	0	3	15	10	0	0
0	0	0	2	16	4	0	0

手写字体 5 对应的图片和矩阵信息如图 7.6 和表 7.6 所示。

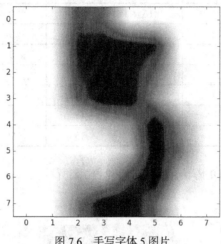

图 7.6　手写字体 5 图片

表 7.6　　　　　　　　　　　　　手写字体 5 矩阵

0	0	12	10	0	0	0	0
0	0	14	16	16	14	0	0
0	0	13	16	15	10	1	0
0	0	11	16	16	7	0	0
0	0	0	4	7	16	7	0
0	0	0	0	4	16	9	0
0	0	5	4	12	16	4	0
0	0	9	16	16	10	0	0

手写字体 6 对应的图片和矩阵信息如图 7.7 和表 7.7 所示。

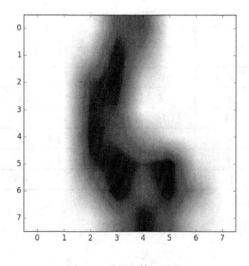

图 7.7　手写字体 6 图片

表 7.7　　　　　　　　　　　　　　手写字体 6 矩阵

0	0	0	12	13	0	0	0
0	0	5	16	8	0	0	0
0	0	13	16	3	0	0	0
0	0	14	13	0	0	0	0
0	0	15	12	7	2	0	0
0	0	13	16	13	16	3	0
0	0	7	16	11	15	8	0
0	0	1	9	15	11	3	0

手写字体 7 对应的图片和矩阵信息如图 7.8 和表 7.8 所示。

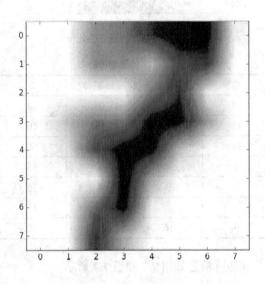

图 7.8　手写字体 7 图片

表 7.8　　　　　　　　　　　　　　手写字体 7 矩阵

0	0	7	8	13	16	15	1
0	0	7	7	4	11	12	0
0	0	0	0	8	13	1	0
0	4	8	8	15	15	6	0
0	2	11	15	15	4	0	0
0	0	0	16	5	0	0	0
0	0	9	15	1	0	0	0
0	0	13	5	0	0	0	0

手写字体 8 对应的图片和矩阵信息如图 7.9 和表 7.9 所示。

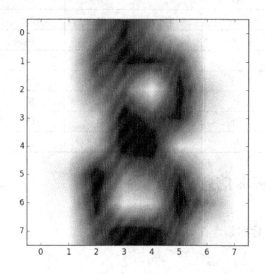

图 7.9　手写字体 8 图片

表 7.9　　　　　　　　　　　　　　　手写字体 8 矩阵

0	0	9	14	8	1	0	0
0	0	12	14	14	12	0	0
0	0	9	10	0	15	4	0
0	0	3	16	12	14	2	0
0	0	4	16	16	2	0	0
0	3	16	8	10	13	2	0
0	1	15	1	3	16	8	0
0	0	11	16	15	11	1	0

手写字体 9 对应的图片和矩阵信息如图 7.10 和表 7.10 所示。

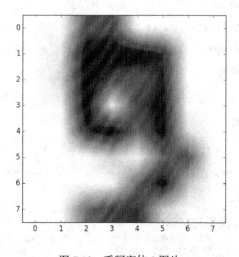

图 7.10　手写字体 9 图片

表 7.10				手写字体 9 矩阵			
0	0	11	12	0	0	0	0
0	2	16	16	16	13	0	0
0	3	16	12	10	14	0	0
0	1	16	1	12	15	0	0
0	0	13	16	9	15	2	0
0	0	0	3	0	9	11	0
0	0	0	0	9	15	4	0
0	0	9	12	13	3	0	0

7.3.1 数据集基本信息描述

实例个数：5620（本数据集含有 1797 个）

特征个数：64

特征信息：每个图片是 8×8 的矩阵，像素值的范围是[0, 16]

丢失特征值：无

时间：1998 年 7 月

这个数据集包含了 10 个类别的手写字体，分别是 0,1,2,3,4,5,6,7,8,9。该数据集共搜集了 43 人的手写字体数据，其中 30 个人的作为训练集，另外 13 个人的作为测试集。

7.3.2 数据集探索

该数据探索具体操作如下。

1. 导入相关模块

```
In [1]: import matplotlib
   ...: import matplotlib.pyplot as plt
   ...: from sklearn import datasets
```

2. 获得手写字体的数据集

```
In [2]: digits = datasets.load_digits()
```

3. 查看该数据集的结构

```
In [3]: digits.keys()
Out[3]: dict_keys(['images', 'data', 'DESCR', 'target_names', 'target'])
```

4. 获得目标变量的种类

可以看到这里总共有 10 类手写字体。

```
In [4]: digits['target_names']
Out[4]: array([0, 1, 2, 3, 4, 5, 6, 7, 8, 9])
```

5. 获得实例的特征数据

```
In [5]: X=digits['data']
   ...: X
Out[5]:
array([[ 0.,  0.,  5., ...,  0.,  0.,  0.],
       [ 0.,  0.,  0., ..., 10.,  0.,  0.],
       [ 0.,  0.,  0., ..., 16.,  9.,  0.],
       ...,
       [ 0.,  0.,  1., ...,  6.,  0.,  0.],
       [ 0.,  0.,  2., ..., 12.,  0.,  0.],
       [ 0.,  0., 10., ..., 12.,  1.,  0.]])
```

6. 查看第 0 个实例的数据

```
In [6]: X[0]
Out[6]:
array([ 0.,  0.,  5., 13.,  9.,  1.,  0.,  0.,  0.,  0., 13., 15., 10.,
       15.,  5.,  0.,  0.,  3., 15.,  2.,  0., 11.,  8.,  0.,  0.,  4.,
       12.,  0.,  0.,  8.,  8.,  0.,  0.,  5.,  8.,  0.,  0.,  9.,  8.,
        0.,  0.,  4., 11.,  0.,  1., 12.,  7.,  0.,  0.,  2., 14.,  5.,
       10., 12.,  0.,  0.,  0.,  0.,  6., 13., 10.,  0.,  0.,  0.])
```

7. 每个实例共有 64 个特征值

一个手写字体是 8×8 的矩阵。

```
In [7]: len(X[0])
Out[7]: 64
```

8. 将每个实例转换为图形矩阵

```
In [8]: image_matrix = X[0].reshape(8,8)
   ...: image_matrix
Out[8]:
array([[ 0.,  0.,  5., 13.,  9.,  1.,  0.,  0.],
       [ 0.,  0., 13., 15., 10., 15.,  5.,  0.],
       [ 0.,  3., 15.,  2.,  0., 11.,  8.,  0.],
       [ 0.,  4., 12.,  0.,  0.,  8.,  8.,  0.],
       [ 0.,  5.,  8.,  0.,  0.,  9.,  8.,  0.],
       [ 0.,  4., 11.,  0.,  1., 12.,  7.,  0.],
       [ 0.,  2., 14.,  5., 10., 12.,  0.,  0.],
       [ 0.,  0.,  6., 13., 10.,  0.,  0.,  0.]])
```

9. 查看图片具体形状

```
In [9]: plt.imshow(image_matrix, cmap = matplotlib.cm.binary)
Out[9]: <matplotlib.image.AxesImage at 0x114952b0>
```

10. 查看 "images"

此时数据已经转换为矩阵的形式，所以不需要再进行转换来查看图片。做训练时，我们直接使用 "data"；而在查看图片时我们直接使用 "images"。

```
In [10]: digits["images"]
Out[10]:
array([[[ 0.,  0.,  5., ...,  1.,  0.,  0.],
        [ 0.,  0., 13., ..., 15.,  5.,  0.],
        [ 0.,  3., 15., ..., 11.,  8.,  0.],
        ...,
        [ 0.,  4., 11., ..., 12.,  7.,  0.],
        [ 0.,  2., 14., ..., 12.,  0.,  0.],
        [ 0.,  0.,  6., ...,  0.,  0.,  0.]],
       [[ 0.,  0.,  0., ...,  5.,  0.,  0.],
        [ 0.,  0.,  0., ...,  9.,  0.,  0.],
        [ 0.,  0.,  3., ...,  6.,  0.,  0.],
        ...,
        [ 0.,  0.,  1., ...,  6.,  0.,  0.],
        [ 0.,  0.,  1., ...,  6.,  0.,  0.],
        [ 0.,  0.,  0., ..., 10.,  0.,  0.]],
       [[ 0.,  0.,  0., ..., 12.,  0.,  0.],
        [ 0.,  0.,  3., ..., 14.,  0.,  0.],
        [ 0.,  0.,  8., ..., 16.,  0.,  0.],
        ...,
        [ 0.,  9., 16., ...,  0.,  0.,  0.],
        [ 0.,  3., 13., ..., 11.,  5.,  0.],
        [ 0.,  0.,  0., ..., 16.,  9.,  0.]],
       ...,
       [[ 0.,  0.,  1., ...,  1.,  0.,  0.],
        [ 0.,  0., 13., ...,  2.,  1.,  0.],
        [ 0.,  0., 16., ..., 16.,  5.,  0.],
        ...,
        [ 0.,  0., 16., ..., 15.,  0.,  0.],
        [ 0.,  0., 15., ..., 16.,  0.,  0.],
        [ 0.,  0.,  2., ...,  6.,  0.,  0.]],
```

```
[[ 0.,  0.,  2., ...,  0.,  0.,  0.],
 [ 0.,  0., 14., ..., 15.,  1.,  0.],
 [ 0.,  4., 16., ..., 16.,  7.,  0.],
 ...,
 [ 0.,  0.,  0., ..., 16.,  2.,  0.],
 [ 0.,  0.,  4., ..., 16.,  2.,  0.],
 [ 0.,  0.,  5., ..., 12.,  0.,  0.]],
[[ 0.,  0., 10., ...,  1.,  0.,  0.],
 [ 0.,  2., 16., ...,  1.,  0.,  0.],
 [ 0.,  0., 15., ..., 15.,  0.,  0.],
 ...,
 [ 0.,  4., 16., ..., 16.,  6.,  0.],
 [ 0.,  8., 16., ..., 16.,  8.,  0.],
 [ 0.,  1.,  8., ..., 12.,  1.,  0.]]])
```

11. 查看目标变量

```
In [11]: y=digits["target"]
   ...: y
Out[11]: array([0, 1, 2, ..., 8, 9, 8])
```

12. 查看目标变量的个数

```
In [12]: len(y)
Out[12]: 1797
```

7.4　iris 鸢尾花数据集

鸢尾花数据集也许是最广为人知的数据集。该数据集包含 3 个种类,每个种类包含 50 个实例,每个种类是鸢尾花的一个分类。其中的一个种类和其他两类线性是可分的。

7.4.1　数据集基本信息描述

实例的数量:150(每个种类分别含有 50 个实例)

特征的数量:4 个数值型特征

特征信息:

　　--sepal length in cm(花萼的长度,单位:厘米)

　　--sepal width in cm(花萼的宽度,单位:厘米)

--petal length in cm（花瓣的长度，单位：厘米）

--petal width in cm（花瓣的宽度，单位：厘米）

--类别：

--Setosa

--Versicolour

--Virginica

丢失的特征值：无

类别的分布：每个种类占 33.3%

创建者：R.A.费希尔（R.A.Fisher）

时间：1988 年 7 月

7.4.2 数据探索

该数据探索具体操作如下。

1. 导入相关包

```
In [1]: from sklearn.datasets import load_iris
   ...: import pandas as pd
```

2. 读取 iris 数据集

```
In [2]: iris = load_iris()
```

3. 查看数据集的结构

"data"是特征数据，"feature_names"是特征名称，"target"是目标变量，"target_names"是目标变量名称，"DESCR"是描述信息。

```
In [3]: iris.keys()
Out[3]: dict_keys(['data', 'target', 'target_names', 'DESCR', 'feature_names'])
```

4. 查看 "data" 的类别

```
In [4]: type(iris["data"])
Out[4]: numpy.ndarray
```

5. 查看 "data" 的形状

共有 150 行（150 个实例）、4 列（4 个特征）。

```
In [5]: iris["data"].shape
Out[5]: (150, 4)
```

6. 查看 "data" 的具体数据

```
In [6]: iris["data"]
```

```
Out[6]:
array([[5.1, 3.5, 1.4, 0.2],
       [4.9, 3. , 1.4, 0.2],
       [4.7, 3.2, 1.3, 0.2],
       [4.6, 3.1, 1.5, 0.2],
       [5. , 3.6, 1.4, 0.2],
       ................
       [6.9, 3.1, 5.1, 2.3],
       [5.8, 2.7, 5.1, 1.9],
       [6.8, 3.2, 5.9, 2.3],
       [6.7, 3.3, 5.7, 2.5],
       [6.7, 3. , 5.2, 2.3],
       [6.3, 2.5, 5. , 1.9],
       [6.5, 3. , 5.2, 2. ],
       [6.2, 3.4, 5.4, 2.3],
       [5.9, 3. , 5.1, 1.8]])
```

7. 查看 "feature_names"

特征名称对应着 "data" 的 4 个列。

```
In [7]: iris["feature_names"]
Out[7]:
['sepal length (cm)',
 'sepal width (cm)',
 'petal length (cm)',
 'petal width (cm)']
```

8. 查看目标变量 "target" 的类别

```
In [8]: type(iris["target"])
Out[8]: numpy.ndarray
```

9. 查看 "target" 的形状

```
In [9]: iris["target"].shape
Out[9]: (150,)
```

10. 查看 "target" 的具体数据

```
In [10]: iris["target"]
Out[10]:
array([0, 0, 0, 0, 0, 0, 0, 0, 0, 0, 0, 0, 0, 0, 0, 0, 0, 0, 0, 0, 0, 0,
       0, 0, 0, 0, 0, 0, 0, 0, 0, 0, 0, 0, 0, 0, 0, 0, 0, 0, 0, 0, 0, 0,
       0, 0, 0, 0, 0, 0, 1, 1, 1, 1, 1, 1, 1, 1, 1, 1, 1, 1, 1, 1, 1, 1,
```

```
        1, 1, 1, 1, 1, 1, 1, 1, 1, 1, 1, 1, 1, 1, 1, 1, 1, 1, 1, 1, 1, 1,
        1, 1, 1, 1, 1, 1, 1, 1, 1, 1, 1, 1, 2, 2, 2, 2, 2, 2, 2, 2, 2, 2,
        2, 2, 2, 2, 2, 2, 2, 2, 2, 2, 2, 2, 2, 2, 2, 2, 2, 2, 2, 2, 2, 2,
        2, 2, 2, 2, 2, 2, 2, 2, 2, 2, 2, 2, 2, 2, 2, 2, 2])
```

11. 查看目标变量"target"数值对应的意义

0 代表了'setosa'，1 代表了'versicolor'，2 代表了'virginica'。

```
In [11]: iris["target_names"]
Out[11]: array(['setosa', 'versicolor', 'virginica'], dtype='<U10')
```

12. 将 iris 数据集转换为 pandas 的 DataFrame 对象

```
In [12]: iris_df= pd.DataFrame(iris["data"], columns=iris["feature_names"])
```

13. 观察各个特征之间的关系

结果如图 7.11 所示。

```
In [13]: pic = pd.scatter_matrix(iris_df, c=iris["target"], figsize=(10, 10),
marker='o',hist_kwds={'bins': 15}, s=30,)
    __main__:1: FutureWarning: pandas.scatter_matrix is deprecated, use pandas.plotting.
scatter_matrix instead
```

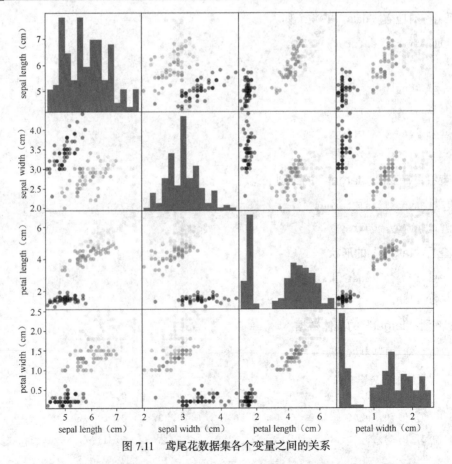

图 7.11　鸢尾花数据集各个变量之间的关系

7.5　wine 红酒数据集

wine 红酒数据集来自意大利某一地区不同耕种地点的红酒的化学成分分析。其三个不同种类的红酒包含 13 个不同的成分。

7.5.1　数据集基本信息描述

实例个数：178

特征个数：13

特征信息：

（1）Alcohol

（2）Malic acid

（3）Ash

（4）Alcalinity of ash

（5）Magnesium

（6）Total phenols

（7）Flavanoids

（8）Nonflavanoid phenols

（9）Proanthocyanins

（10）Color intensity

（11）Hue

（12）OD280/OD315 of diluted wines

（13）Proline

目标变量：3 个种类：class_0(59),class_1(71),class_2(48)

丢失特征值：无

创建者：R.A.Fisher

创建时间：1988 年 7 月

7.5.2 数据探索

该数据探索具体操作如下。

1. 导入相关模块

```
In [1]: from sklearn.datasets import load_wine
```

2. 导入 wine 数据集

```
In [2]: wine = load_wine()
```

3. 查看 wine 数据集的结构

```
In [3]: wine.keys()
Out[3]: dict_keys(['data', 'target', 'target_names', 'DESCR', 'feature_names'])
```

4. 查看 wine 数据集特征数据的结构

该数据集共有 178 个实例，每个实例有 13 个特征。

```
In [4]: wine['data'].shape
Out[4]: (178, 13)
```

5. 查看 wine 数据集特征的具体数据

```
In [5]: wine['data']
Out[5]:
array([[1.423e+01, 1.710e+00, 2.430e+00, ..., 1.040e+00, 3.920e+00,
        1.065e+03],
       [1.320e+01, 1.780e+00, 2.140e+00, ..., 1.050e+00, 3.400e+00,
        1.050e+03],
       [1.316e+01, 2.360e+00, 2.670e+00, ..., 1.030e+00, 3.170e+00,
        1.185e+03],
       ...,
       [1.327e+01, 4.280e+00, 2.260e+00, ..., 5.900e-01, 1.560e+00,
        8.350e+02],
       [1.317e+01, 2.590e+00, 2.370e+00, ..., 6.000e-01, 1.620e+00,
        8.400e+02],
       [1.413e+01, 4.100e+00, 2.740e+00, ..., 6.100e-01, 1.600e+00,
        5.600e+02]])
```

6. 查看 wine 数据集特征的名称

```
In [6]: wine['feature_names']
Out[6]:
['alcohol',
 'malic_acid',
```

```
    'ash',
    'alcalinity_of_ash',
    'magnesium',
    'total_phenols',
    'flavanoids',
    'nonflavanoid_phenols',
    'proanthocyanins',
    'color_intensity',
    'hue',
    'od280/od315_of_diluted_wines',
    'proline']
```

7. 查看 wine 数据集目标变量的形状

```
In [7]: wine['target'].shape
Out[7]: (178,)
```

8. 查看 wine 数据集目标变量

共有三类数据，分别用 0、1、2 来指代。

```
In [8]: wine['target']
Out[8]:
array([0, 0, 0, 0, 0, 0, 0, 0, 0, 0, 0, 0, 0, 0, 0, 0, 0, 0, 0, 0, 0, 0,
       0, 0, 0, 0, 0, 0, 0, 0, 0, 0, 0, 0, 0, 0, 0, 0, 0, 0, 0, 0, 0, 0,
       0, 0, 0, 0, 0, 0, 0, 0, 0, 0, 0, 0, 0, 0, 0, 1, 1, 1, 1, 1, 1, 1,
       1, 1, 1, 1, 1, 1, 1, 1, 1, 1, 1, 1, 1, 1, 1, 1, 1, 1, 1, 1, 1, 1,
       1, 1, 1, 1, 1, 1, 1, 1, 1, 1, 1, 1, 1, 1, 1, 1, 1, 1, 1, 1, 1, 1,
       1, 1, 1, 1, 1, 1, 1, 1, 1, 1, 1, 1, 1, 1, 1, 1, 1, 1, 1, 2, 2,
       2, 2, 2, 2, 2, 2, 2, 2, 2, 2, 2, 2, 2, 2, 2, 2, 2, 2, 2, 2, 2,
       2, 2, 2, 2, 2, 2, 2, 2, 2, 2, 2, 2, 2, 2, 2, 2, 2, 2, 2, 2, 2,
       2, 2])
```

9. 查看目标变量名称

```
In [9]: wine['target_names']
Out[9]: array(['class_0', 'class_1', 'class_2'], dtype='<U7')
```

第8章
线性回归算法

线性回归算法是一种预测连续型变量的方法。它的基本思想是通过已给样本点的因变量和自变量的关系，设定一个数学模型，来拟合这些样本点。线性回归算法就是为了找到最佳模型。

线性回归算法的核心有两个。第一，假设合适的模型，比如是使用一次曲线拟合还是二次曲线拟合；第二，寻找最佳的拟合参数，不同的参数对应了模型不同的形态，如何找到最佳的参数是非常关键的。

8.1　从二次函数到机器学习

数学知识体系中寻找二次曲线最大值和最小值的方法是令导数为 0，这样的方法也可以用在求解回归算法的问题中。但是在机器学习领域中并不推崇这种思想，因为在实际应用中，使用导数为 0 的方法会增加计算机计算的复杂度，消耗大量计算资源。机器学习的求解方法则会在高维空间的求解中体现出计算的优势。

本节会详细介绍机器学习中求解回归曲线的方法——梯度下降，并以求解二次曲线为例，比较导数方法与梯度下降方法的异同，从而加深读者对梯度下降方法的理解。

8.1.1　二次函数最优求解方法

高中时期经常出现函数最大值、最小值的求解问题。例如，给出方程 $y=x^2$，求其最小值（y 值），以及最小值的所在位置（x 值）。

如图 8.1 所示，我们很容易看出 $y=x^2$ 的最小值是 0，最小值的位置是 $x=0$。在高中我们使用的求解方法如下。

已知曲线：

$$y=x^2$$

对其求导：

$$y'=2x$$

令导数等于 0：

$$y'=0$$

求得：

$$x=0$$

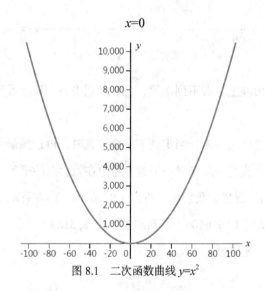

图 8.1　二次函数曲线 $y=x^2$

导数求解方法的几何解释是最低点的位置是斜率为 0 的位置，也就是 $y'=0$ 的位置。

这与机器学习有什么联系呢？其实现在比较火热的深度学习和经典的线性回归、逻辑回归算法的根本思想就是求解类二次曲线的最小值。在后续章节中会深入探讨深度学习背后的数学思想。接下来，将详细介绍机器学习中求解二次函数最小值的方法。

8.1.2　梯度下降

对于已知曲线 $y=x^2$，我们很容易通过求导来求得最小值及其位置。但如果不知道曲线的全貌是 $y=x^2$，又该如何求解呢？

现在已知点

$$x=80$$

$$y=6400$$

和这个点周围曲线的形状，如图 8.2 所示。现在的任务是找到该曲线最小值的点，那么应该如何做呢？

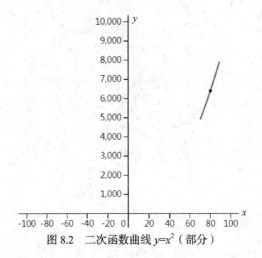

图 8.2　二次函数曲线 $y=x^2$（部分）

设想一下，你站在半山坡上，看不到山顶，也看不到山谷，只能看到周围的情景，如果要下山，你要怎么做呢？

对，沿着山坡最大的坡度向下走！当走到下一个位置时，再选择最大的坡度向下走，这样不停地走，就会走到山下。让我们一起来看一下这个思想在数学上的解释。

回到图 8.2，按照下山的思想，我们应该将点（80, 6400）向左移动一点。

如图 8.3 所示，我们从点（80, 6400）移动到了点（72, 5184）。同样的道理，在这个点我们再观察一下，发现应该继续向左移动。

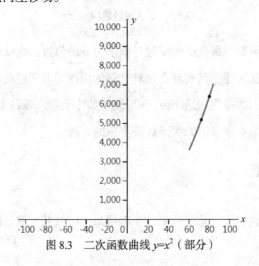

图 8.3　二次函数曲线 $y=x^2$（部分）

如图 8.4 所示，我们现在移动了点（64.8, 4199.04）的位置，继续观察，我们还应该向左移动，这样循环往复，我们会不会走到山底呢？

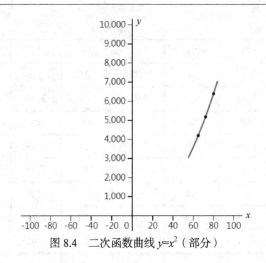

图 8.4　二次函数曲线 $y=x^2$（部分）

移动了 93 次后，最终到达了点（0,0）的位置（这里计算精度是小数点后两位），也就是说我们已经逼近了最小值点（0,0），如图 8.5 所示。

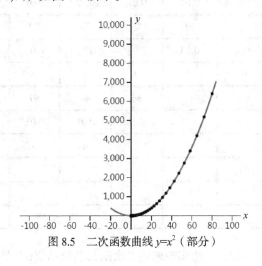

图 8.5　二次函数曲线 $y=x^2$（部分）

在此过程中每一步下降过程的坐标如表 8.1 所示。

表 8.1　　　　　　　　　　每次移动对应的 x 坐标与 y 坐标

步数	1	2	3	4	5	6	7	8	9	10
x 坐标	80	72	64.8	58.32	52.49	47.24	42.52	38.26	34.44	30.99
y 坐标	6400	5184	4199.04	3401.22	2754.99	2231.54	1807.55	1464.11	1185.93	960.61
步数	11	12	13	14	15	16	17	18	19	20
x 坐标	27.89	25.1	22.59	20.33	18.3	16.47	14.82	13.34	12.01	10.81
y 坐标	778.09	630.25	510.51	413.51	334.94	271.3	219.76	178	144.18	116.79
步数	21	22	23	24	25	26	27	28	29	30
x 坐标	9.73	8.75	7.88	7.09	6.38	5.74	5.17	4.65	4.19	3.77
y 坐标	94.6	76.62	62.07	50.27	40.72	32.98	26.72	21.64	17.53	14.2

步数	31	32	33	34	35	36	37	38	39	40
x 坐标	3.39	3.05	2.75	2.47	2.23	2	1.8	1.62	1.46	1.31
y 坐标	11.5	9.32	7.55	6.11	4.95	4.01	3.25	2.63	2.13	1.73
步数	41	42	43	44	45	46	47	48	49	50
x 坐标	1.18	1.06	0.96	0.86	0.78	0.7	0.63	0.57	0.51	0.46
y 坐标	1.4	1.13	0.92	0.74	0.6	0.49	0.39	0.32	0.26	0.21
步数	51	52	53	54	55	56	57	58	59	60
x 坐标	0.41	0.37	0.33	0.3	0.27	0.24	0.22	0.2	0.18	0.16
y 坐标	0.17	0.14	0.11	0.09	0.07	0.06	0.05	0.04	0.03	0.03
步数	61	62	63	64	65	66	67	68	69	70
x 坐标	0.14	0.13	0.12	0.1	0.09	0.08	0.08	0.07	0.06	0.06
y 坐标	0.02	0.02	0.01	0.01	0.01	0.01	0.01	0	0	0
步数	71	72	73	74	75	76	77	78	79	80
x 坐标	0.05	0.05	0.04	0.04	0.03	0.03	0.03	0.02	0.02	0.02
y 坐标	0	0	0	0	0	0	0	0	0	0
步数	81	82	83	84	85	86	87	88	89	90
x 坐标	0.02	0.02	0.01	0.01	0.01	0.01	0.01	0.01	0.01	0.01
y 坐标	0	0	0	0	0	0	0	0	0	0
步数	91	92	93							
x 坐标	0.01	0.01	0							
y 坐标	0	0	0							

这就是梯度下降的方法。用该方法实现求解二次函数的最小值，虽然不像导数方法那么完美，能够直接定位到原点（0,0），但是只要增加迭代次数，就能无限接近最小值点。接下来，我们需要学习梯度下降的一些细节，比如每次步长应该如何选择。因为如果步长选择太大，很可能会越过最小值点。

8.1.3 梯度下降的 Python 实现

已知函数

$$y=x^2$$

以及它的导数

$$y'=2x$$

接下来我们想一下如何用编程的思想实现这个算法。

第 1 步，随机初始化一个坐标 (x_1, y_1)。

第 2 步，将 x_1 移动至 $x_1 - \alpha \times 2x_1$ 位置，记为 x_2，并求出 y_2。这里，α 是学习速率，$2x_1$ 是该点的导数。

第 3 步，重复第 2 步，获得点 (x_3, y_3)。

……

第 1000 步，获得点 (x_{1000}, y_{1000}) 的位置。

Python 实现代码如下。

```python
def grad(x,alpha,iter):
    x_list=[]
    y_list=[]
    x__list=[]
    g_list=[]
    for i in range(iter):
        y=x*x
        x_=2*x
        gradient=alpha*x_
        x_list.append(x)
        y_list.append(y)
        x__list.append(x_)
        g_list.append(gradient)
        x=x-gradient
    return x_list,y_list,x__list,g_list
```

8.1.4　初始值与学习速率 α 的选择

初始值的选择依托于所假设的数学模型，具体的数学模型会在后面的章节讨论。不同的数学模型反映在二次函数上则会是随机的初始点。

速率 α 的选择是梯度下降思想的核心，α 直接影响了最后结果的好坏以及整个算法的效率。

1. α 过小，将导致无法找到最小值

选择点 $(100,100)$ 作为初始点，如图 8.6 所示。当 $\alpha=0.003$ 时，移动了 100 次，才到达 x=55 附近。虽然在这种情况下我们仍可以通过增加移动次数最终到达最小值的点，但是会耗费大量的时间和算力。特别是在工程应用中，时间和算力决定了一个算法是否有实际价值。

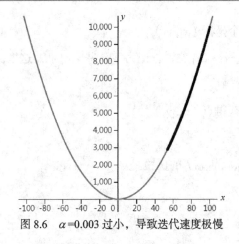

图 8.6　α=0.003 过小，导致迭代速度极慢

在极端情况下，当α足够小时，将无法到达最小值点。

2. α适中，将很快到达最小值

选择点（100,100）作为初始点，如图 8.7 所示。当α=0.5 时，只移动了 2 次就到达了最小值。

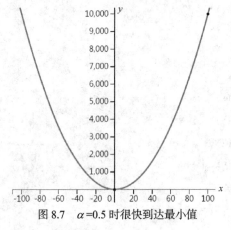

图 8.7　α=0.5 时很快到达最小值

3. α超过一定阈值，可能从两端收敛到最低点

选择点（40,1600）作为初始点，如图 8.8 所示。当α=0.9 时，将从两端收敛到最小值，详见表 8.2。

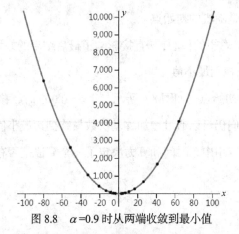

图 8.8　α=0.9 时从两端收敛到最小值

表 8.2 α=0.9 时从两端收敛到最小值（保留 2 位小数）

步 数	x 坐标	y 坐标
1	100	10000
2	−80	6400
3	64	4096
4	−51.2	2621.44
5	40.96	1677.72
6	−32.77	1073.74
7	26.21	687.19
8	−20.97	439.8
9	16.78	281.47
10	−13.42	180.14

4. α 为一定阈值，可能导致来回振荡

选择点（40,1600）作为初始点，如图 8.9 所示。当 α=1 时，移动点将在点（40,1600）和点（−40,1600）之间来回振动。

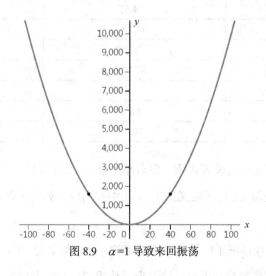

图 8.9 α=1 导致来回振荡

5. α 过大，将导致无法找到最小值，甚至发散

α 过小，虽然可能到达不了最小值的点，但是移动的方向仍是正确的，即向着最小值方向移动。但 α 过大，则可能造成偏离最小值的情况，即向着最小值的反方向移动。

选择点（20,400）作为初始点，如图 8.10 所示。当 α=1.1 时，每次移动都跨越了最小值，而且越来越偏离最小值，详见表 8.3。

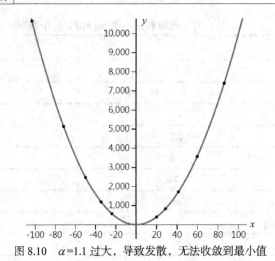

图 8.10　α=1.1 过大，导致发散，无法收敛到最小值

表 8.3	α 过大，导致无法收敛到最小值（保留 2 位小数）	
步　　数	x 坐标	y 坐标
1	20	400
2	−24	576
3	28.8	829.44
4	−34.56	1194.39
5	41.47	1719.93
6	−49.77	2476.69
7	59.72	3566.44
8	−71.66	5135.67
9	86	7395.37
10	−103.2	10649.33

综上所述，学习速率 α 的选择规律为：随着学习速率 α 的递增，学习过程从速度极慢，到两边振荡收敛，再到两边振荡发散。那么在实际应用中我们应该如何选择 α 呢？这要根据不同的应用场景来具体设置。

到目前为止，我们已经详细了解了机器学习中的一个重要思想，即"梯度下降"。它是线性回归、逻辑回归以及神经网络的核心思想，接下来就让我们一起学习梯度下降是如何应用到这 3 类算法中的。

8.2　深入理解线性回归算法

线性回归算法就是已知样本分布，选择合适的曲线对样本进行拟合，然后用拟合曲线预测新的样本。

假设坐标系中有三点(1,2),(3,1),(3,3)，如图 8.11 所示，我们的目的是找到一条经过点（0,0）的直线去拟合它们。

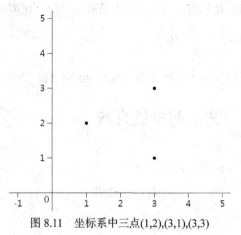

图 8.11 坐标系中三点(1,2),(3,1),(3,3)

如果不使用数学工具，直接用手画的话，很容易获得这样的直线，如图 8.12 所示。图 8.12 中的曲线最大程度上拟合了这 3 个点。

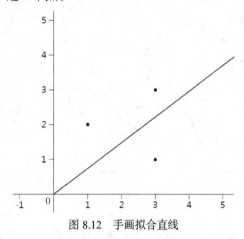

图 8.12 手画拟合直线

那么如何用数学方法获得这个直线呢？

8.2.1 回归曲线的数学解释

以上面的假设为例，用数学的思想描述回归曲线就是，要找到一条过 0 点的直线，使得 3 个点到这条直线的距离最小。首先将这条直线表示为：

$$h(x) = \theta \cdot x$$

问题再次简化，我们只需要找到最合适的 θ，使得 3 个点到直线距离最小。

计算损失函数，即计算 3 个点到直线的距离：

$$J(\theta) = [(h(1) - 2)^2 + (h(2) - 1)^2 + (h(2) - 3)^2] \cdot \frac{1}{3} \cdot \frac{1}{2}$$

上式中括号里面计算的是我们假设函数到真实值的距离，$\frac{1}{3}$ 用于求平均值，$\frac{1}{2}$ 是在公式推导中为了方便推导添加的系数。我们将公式 $h(x)$ 代入公式 $J(\theta)$ 中，化简后可得：

$$J(\theta) = \frac{19}{6}\theta^2 - \frac{14}{3}\theta + \frac{7}{3}$$

这是一个二次函数，所以可以用梯度下降的方法求得其最小值。

8.2.2　梯度下降方法求解最优直线

先随机初始化一条直线（见图 8.13）：

$$h(x) = 22.78x$$

它的损失函数：

$$J(\theta) = \frac{19}{6}\theta^2 - \frac{14}{3}\theta + \frac{7}{3} = 1539.09$$

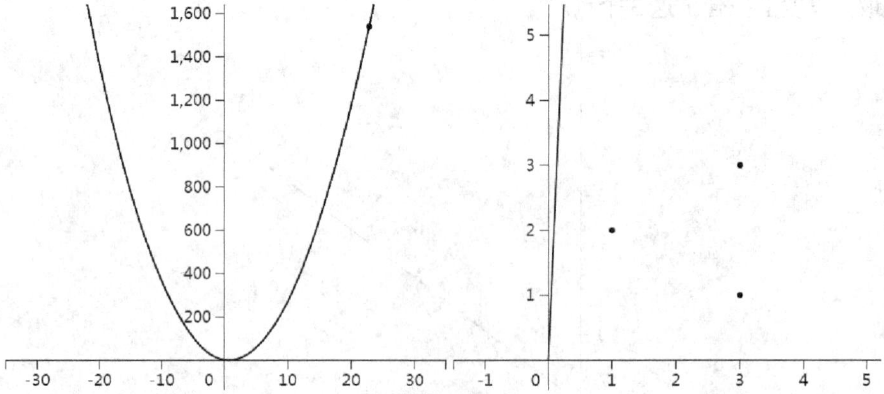

图 8.13　初始化直线

设置学习速率 $\alpha = 0.01$，如图 8.14 所示，直线初始化位置 $h(x) = 22.78x$，图 8.14 中的右图记录了每次迭代直线的位置。迭代 124 次后得到了最优的直线。迭代过程的具体数据如表 8.4 所示。

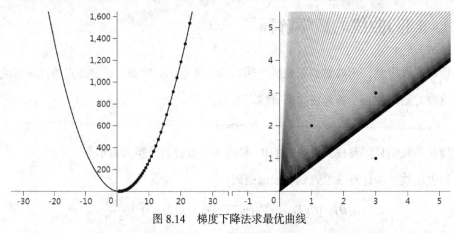

图 8.14　梯度下降法求最优曲线

表 8.4　　　　　　　　　　　　直线与损失函数之间的关系

序　数	x 坐标	y 坐标	θ 斜率
1	22.78	1539.09	22.78
2	21.38	1350.39	21.38
3	20.07	1184.83	20.07
4	18.85	1039.58	18.85
5	17.7	912.15	17.7
6	16.63	800.34	16.63
7	15.62	702.25	15.62
8	14.68	616.19	14.68
9	13.8	540.69	13.8
10	12.97	474.44	12.97
...	...	...	...
121	0.75	0.61	0.75
122	0.74	0.61	0.74
123	0.74	0.61	0.74
124	0.74	0.61	0.74
125	0.74	0.61	0.74
126	0.74	0.61	0.74
127	0.74	0.61	0.74
128	0.74	0.61	0.74
129	0.74	0.61	0.74
130	0.74	0.61	0.74

8.2.3　理解"机器学习"中的"学习"

至此，我们通过梯度下降方法求解了机器学习中的一个重要问题——线性回归。您是否已经通过这个过程理解了"机器学习"中"学习"的意思？

在求解最优直线过程中，我们随机假设一条直线，然后获得它与最优解的距离（差距），找到最优解的方向（曲线斜率），然后按照这个方向以一定步长（学习速率 α）不断地移动（学习过程），最终得到最优解。这就是"机器学习"中的"学习"。

8.2.4　导数求解与梯度下降

为什么在得到损失函数 $J(\theta)$ 后不直接令 $J(\theta)=0$ 而求得最优的参数呢？如果这样则只需要一步，且可以获得最优解，而不是像梯度下降方法一样，只能无限接近。

这是因为我们所举的例子中只有一个参数 θ，而在现实应用中可能有 n 个参数 θ，随着 θ 数量的增加，导数求解方法的复杂度会急剧上升，计算的性能会下降。这时梯度下降的优势就展现出来了，即使在面对高维空间求解（多个参数 θ）时，梯度下降的计算性能也会很好。

8.2.5 学习速率 α 与迭代次数的设置

学习速率 α 与迭代次数设置的具体情况应该看具体的模型以及损失函数。在实际应用中我们可以打印出每一次迭代的所有数据，与 8.1.4 节中的情况比对，从而得出最优的学习速率 α。一般情况下，取 α=0.001。

迭代次数也是决定最终模型好坏的关键因素。在第一次迭代模型的时候可以设置一个比较大的值，然后每次迭代观察系数的变化，根据这些值获得最优的迭代值。一般设置迭代次数为 1000。

8.3 线性回归算法实战——糖尿病患者病情预测

线性回归算法被广泛应用于医学领域。本节我们将通过糖尿病患者的体重，预测糖尿病患者接下来病情发展的情况。在实际应用中，可以根据预测模型，提前预知患者的病情发展，从而提前做好应对措施，改善患者的病情。

1. 导入必要的模块

这里我们用到了 Scikit 库调用模块 sklearn 中的 diabetes 数据集，所以要先导入数据集模块。然后使用线性回归模型，导入 linear_model 模块。最后对模型进行评估，导入 mean_squared_error, r2_score 模块。

```
In [1]: import matplotlib.pyplot as plt
   ...: from sklearn import datasets, linear_model
   ...: from sklearn.metrics import mean_squared_error, r2_score
```

2. 导入数据集

```
In [2]: diabetes = datasets.load_diabetes()   # 导入数据集
```

3. 观察目标变量

这里我们导入目标变量，并对它的一些信息进行观察。

```
In [3]: y=diabetes['target']
   ...: diabetes['target'].min(),diabetes['target'].max(),diabetes['target'].ptp()
# 观察目标变量，最小值，最大值，最大值-最小值
Out[3]: (25.0, 346.0, 321.0)
```

4. 观察体重指标变量

这个模型中，我们主要想通过体重指标来预测目标变量，所以通过 Numpy 的索引方法取得体重的相关数据。

```
In [4]: x = diabetes.data[:,2]  # 取体重指标列
    ...: x=x.reshape(442,1)  # 转置
    ...: x.min(),x.max(),x.ptp()  # 查看体重指标列最小值, 最大值, 最大值-最小值
Out[4]: (-0.090275295898518501, 0.17055522598066, 0.26083052187917849)
```

5. 处理训练集和测试集

分别对因变量和自变量进行分组，通过训练集来训练模型，然后通过测试集评价模型。这里手工取训练集和测试集，sklearn 中也提供了专有方法取训练集和测试集。具体操作见第 6 章。

```
In [5]: x_train = x[:-20] # 获得训练集因变量数据
    ...: x_test = x[-20:]  # 获得测试集因变量数据
    ...: y_train = diabetes["target"][:-20]  # 获得训练集目标变量数据
    ...: y_test = diabetes["target"][-20:]  # 获得测试集目标变量数据
```

6. 训练模型并预测

```
In [6]: reg = linear_model.LinearRegression()  # 新建线性回归模型对象
    ...: reg.fit(x_train, y_train)  # 训练模型
    ...: y_pred = reg.predict(x_test)  # 测试模型, 预测数据
```

7. 查看模型评价

```
In [7]: print('系数:', reg.coef_)  # 打印模型的系数
    ...: print("平均标准误差: %.2f"
    ...:       % mean_squared_error(y_test, y_pred))  # 查看预测结果的平均误差
    ...: print('决定系数: %.2f' % r2_score(y_test, y_pred)) # 查看决定系数, 越接近 1 越好
系数: [ 938.23786125]
平均标准误差: 2548.07
决定系数: 0.4713.
```

8. 作图

模型拟合曲线如图 8.15 所示。

```
In [8]: plt.scatter(x_test, y_test, color='black')  # 作图
    ...: plt.plot(x_test, y_pred, color='blue', linewidth=3)
    ...: plt.show()
```

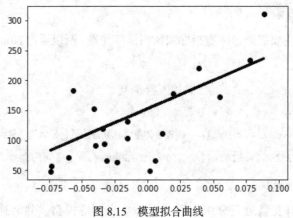

图 8.15　模型拟合曲线

通过模型可以看出，随着体重指标的增加，病情的级数也在增加，因此可以预测某位患者接下来一年内病情将会如何发展。

当然，通过多变量分析我们可以得到更好的模型。

第9章
逻辑回归算法

虽然线性回归算法和逻辑回归算法都有回归一词，但是二者的理论内容是截然不同的。前者解决回归问题，后者解决分类问题，所以不要因为逻辑回归算法中的"回归"一词就把逻辑回归算法当成解决回归问题的算法。

逻辑回归算法主要应用于分类问题，比如垃圾邮件的分类（是垃圾邮件或不是垃圾邮件），或者肿瘤的判断（是恶性肿瘤或不是恶性肿瘤）。

在二分类的问题中，我们经常用 1 表示正向的类别，用 0 或-1 表示负向的类别。

9.1　逻辑回归算法的基础知识

机器学习中有三大问题，分别是回归、分类和聚类。线性回归属于回归问题，而逻辑回归属于分类问题。

虽然二者解决的是截然不同的问题，但是如果深究算法的本质，它们还是有很多共通的地方，比如它们都是通过梯度下降的方法寻找最优的拟合模型。但是，线性回归拟合的目标是尽量让数据点落在直线上，而逻辑回归的目标则是尽量将不同类别的点落在直线的两侧。

9.1.1　直线分割平面

在平面中有直线

$$x_0+x_1=0$$

该直线将平面分割成了两个部分，一个是直线上方的部分，另一个是直线下方的部分。x_0 代表了我们通常意义上的 x 轴，而 x_1 则代表了 y 轴，如图 9.1 所示。

为什么要用 x_0、x_1 来替换 x、y 呢？因为我们一般用 y 值代表最终的目标变量。在分类问题中，特别是二分类问题中，目标变量可能是 0 或 1，在坐标系中我们可以用不同的形状来表示。而使用 x_0、x_1 则表示两个因变量。

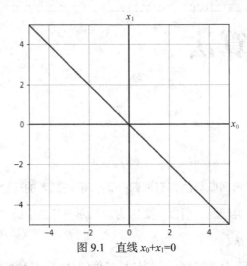

图 9.1　直线 $x_0 + x_1 = 0$

如图 9.2 所示，直线上方的部分可以表示为 $x_0 + x_1 \geq 0$。

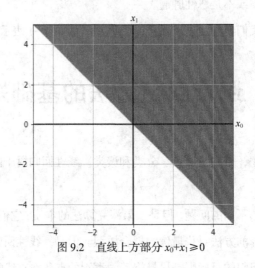

图 9.2　直线上方部分 $x_0 + x_1 \geq 0$

分割后，我们就可以判断一个点是在直线上方，还是在直线下方了。例如，有一点 $(2,-1)$，将其代入方程可得

$$x_0 + x_1 = 2 - 1 = 1 > 0$$

说明该点在直线的上方，如图 9.3 所示。

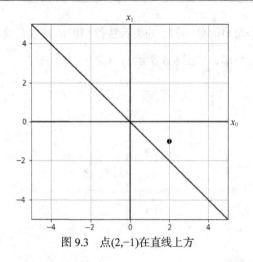

图 9.3　点(2,−1)在直线上方

同样地，我们还可以观察直线下方，如图 9.4 所示。

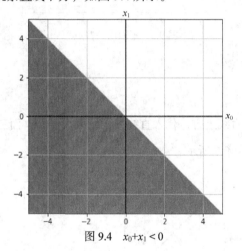

图 9.4　$x_0 + x_1 < 0$

同样有一点(−2,1)，将其代入方程可得

$$x_0 + x_1 = -2 + 1 = -1 < 0$$

说明该点在直线的下方，如图 9.5 所示。

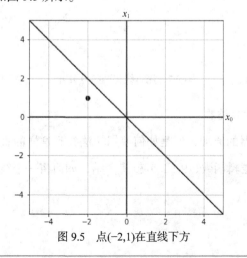

图 9.5　点(−2,1)在直线下方

　　其实这条直线就是一个简单的分类器，分类算法模型的原理就是这样。例如，现在有两类点，第 1 类是圆形，第 2 类是三角形，如图 9.6 所示。

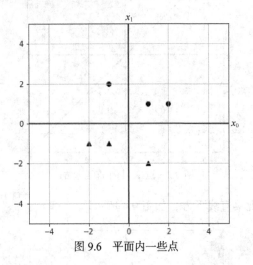

图 9.6　平面内一些点

　　我们可以用直线

$$x_0 + x_1 = 0$$

将其分开，其中圆形的点在直线上方，代入直线方程结果大于 0；而三角形的点在直线下方，代入直线方程结果小于 0，如图 9.7 所示。

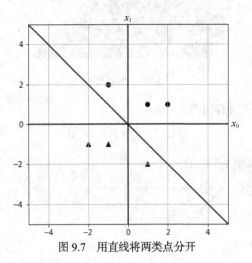

图 9.7　用直线将两类点分开

　　这样，就完成了一个简单的分类器。

　　我们已经明白了分类器的原理，但是如何使用算法找到这样的直线呢？这就在线性回归算法的基础上，再作用一个逻辑函数，9.1.2 节就将介绍，如何将一个线性回归问题转换为逻辑回归问题。

9.1.2　逻辑函数

逻辑函数（Logistic Function）又称为 Sigmoid 函数

$$g(z) = \frac{1}{1+e^{-z}}$$

它的特性是所有值都在(0,1)之间，如图 9.8 所示。

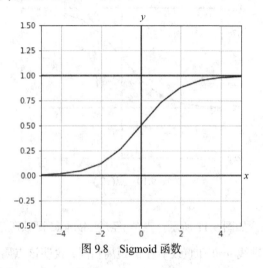

图 9.8　Sigmoid 函数

逻辑函数的作用是判断不同属性的样本属于某个类别的概率。在二分类过程中，用 1 表示正向的类别，用 0 表示负向的类别，也就是说经过 Sigmoid 函数转换，如果值越靠近 1 则其属于正向类别的概率越大；如果值越靠近 0，则其属于负向类别的概率越大。

如图 9.9 所示，点(2,)经过 Sigmoid 函数激活后的值为 0.88。从图 9.9 中可以明显看到，该值靠近直线 $y=1$，也就是说它属于类别 1 的概率大。

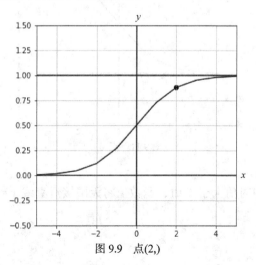

图 9.9　点(2,)

如图 9.10 所示，点(-2,)经过 Sigmoid 函数激活后的值为 0.12。从图 9.10 中可以明显看到，该值靠近直线 y=0，也就是说它属于类别 0 的概率大。也就是说，该点属于 y=1 的概率很小，只有 0.12。相反，该点属于 y=0 的概率有 0.88。

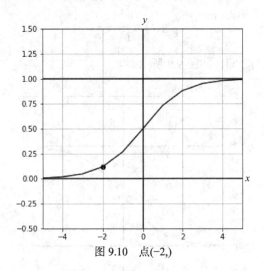

图 9.10　点(-2,)

最后，我们来看 0 值，如图 9.11 所示。点(0,)经过 Sigmoid 函数激活后的值为 0.5。从图 9.11 中可以明显看到，该点与直线 y=0 和直线 y=1 的距离相同，说明该点属于两者的可能性相同，也可以说该点既可能属于类别 1，也可能属于类别 0。

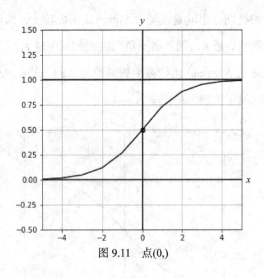

图 9.11　点(0,)

还可以看到当 x 的绝对值大于 5 时，函数值将无限接近直线 y=1 和直线 y=0，如图 9.12 所示。

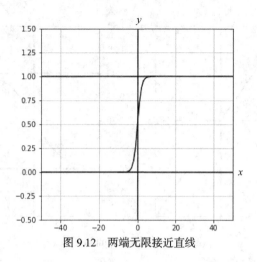

图 9.12　两端无限接近直线

逻辑回归就是将逻辑函数用在线性回归函数上层，将回归问题转换成分类问题。

9.2　深入理解逻辑回归算法

不同于线性回归算法，逻辑回归算法的假设模型为：

$$0 \leqslant h_\theta(x) \leqslant 1$$

$$h_\theta(x) = g(\theta^{\mathrm{T}} x)$$

$$g(z) = \frac{1}{1 + \mathrm{e}^{-z}}$$

可以看到逻辑回归算法和线性回归算法的不同点，首先，逻辑回归算法有 $0 \leqslant h_\theta(x) \leqslant 1$ 的限制，这是和分类问题相对应的，比如在二分类的问题中，我们规定了用 1 表示正向的类别，用 0 表示负向的类别。这就是 $0 \leqslant h_\theta(x) \leqslant 1$ 限制的由来。

其次，逻辑回归算法的模型是 $h_\theta(x) = g(\theta^{\mathrm{T}} x)$，而不是 $h_\theta(x) = \theta^{\mathrm{T}} x$。使用 $g(z) = \frac{1}{1 + \mathrm{e}^{-z}}$ 函数，将一个回归问题转换成了分类问题。

9.2.1　直线分类器与逻辑回归的结合

在 9.1 节中，我们知道可以用一点与直线的关系来对点进行分类，在直线上方是一类，在直线下方是一类。但是我们无法衡量一个点大于或小于直线的程度，而 Sigmoid 函数正好解决了这个问题，如图 9.13 所示。

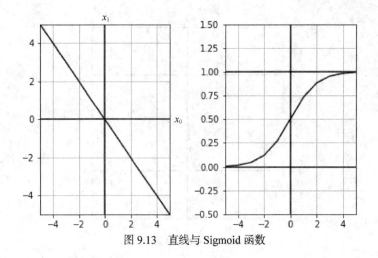

图 9.13 　直线与 Sigmoid 函数

图 9.13 中左图是我们分隔数据的平面，右图是判断数据属于哪个分类的 Sigmoid 函数图。

现在有一点(1,1)，我们经过计算可得

$$x_0 + x_1 = 1 + 1 = 2$$

将结果 1 代入 Sigmoid 函数，令 $z = x_0 + x_1$，则

$$g(z) = \frac{1}{1 + e^{-z}} = \frac{1}{1 + e^{-2}} = 0.88 > 0.5$$

所以点(1,1)属于第一类（上方类），如图 9.14 所示。

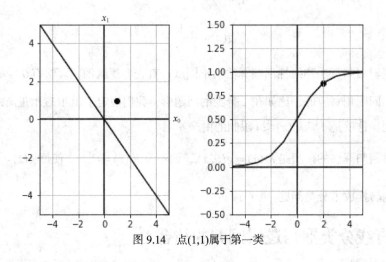

图 9.14 　点(1,1)属于第一类

让我们看一下逻辑回归的详细过程。首先，在平面中有直线 $x_0 + x_1 = 0$ 和一点(1,1)，如图 9.15 所示。

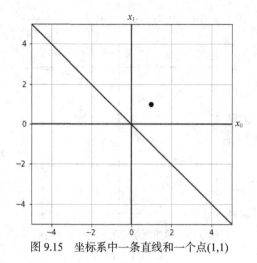

图 9.15　坐标系中一条直线和一个点(1,1)

该点到直线的距离（即图 9.16 中的虚线所示）为

$$z = x_0 + x_1 = 1 + 1 = 2$$

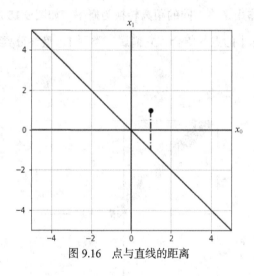

图 9.16　点与直线的距离

然后我们将这个距离 2 输入到 Sigmoid 函数中

$$g(z) = \frac{1}{1 + e^{-z}} = \frac{1}{1 + e^{-2}} = 0.88 > 0.5$$

结果如图 9.17 所示。

所以逻辑回归的流程如下。

（1）计算点与分类模型的距离。

（2）计算该距离属于某类的概率。

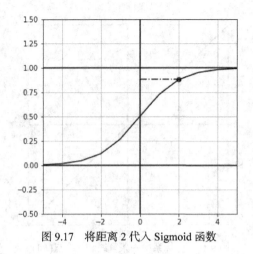

图 9.17　将距离 2 代入 Sigmoid 函数

9.2.2　Sigmoid 函数的作用

其实 Sigmoid 函数的作用是将不同的距离转换为概率。如图 9.18 所示，该图阴影部分是与直线 $x_0+x_1=0$ 的距离 $0<d<1$ 的点的集合，它们属于类别 1，最终分类结果 $y=1$ 的概率为 $0.5<p<0.73$。

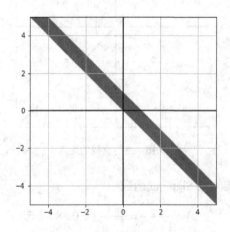

图 9.18　$0<d<1$ 的点的集合的分类概率

同样的道理，图 9.19 中阴影部分是距离直线 $1<d<2$ 的点的集合，它们属于类别 1，$y=1$ 的概率为 $0.73<p<0.88$。

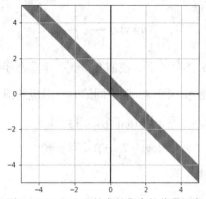

图 9.19　$1 < d < 2$ 的点的集合的分类概率

同样的道理，图 9.20 中阴影部分是距离直线 $2 < d < 3$ 的点的集合，它们属于类别 1，$y = 1$ 的概率为 $0.88 < p < 0.93$。

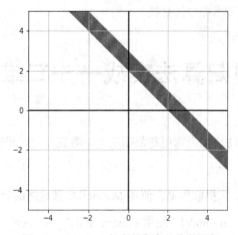

图 9.20　$2 < d < 3$ 的点的集合的分类概率

9.2.3　逻辑回归模型

我们已经知道逻辑回归模型分类的原理，但是如何才能求得该模型呢？和线性回归一样，先假设模型函数，然后使用梯度下降方法来求最优解。但是不同于线性回归的是，逻辑回归的假设函数与线性回归的不同，损失函数也不相同，损失函数如下：

$$h_\theta(x) = g(\theta^\mathrm{T} x)$$

其中：

$$g(z) = \frac{1}{1 + \mathrm{e}^{-z}}$$

所以：

$$h_\theta(x) = \frac{1}{1+e^{-\theta^T x}}$$

如果按照线性回归计算损失函数的话，我们会得到一个非凸函数，无法进行梯度下降求解。所以我们要对损失函数做以下变形，即在 y 取不同值时，对应的损失函数也不相同，分别为：

$$-\log(h_\theta(x))，当 y=1$$

$$-\log(1-h_\theta(x))，当 y=0$$

上述的两个等式可以合并成：

$$-y\log(h(x))-(1-y)\log(1-h_\theta(x))$$

这样，我们的损失函数就可以写成：

$$J(\theta) = \frac{1}{m}\sum_{i=1}^{m} -y^i \log(h(x^i)) - (1-y^i)\log(1-h_\theta(x^i))$$

对其使用梯度下降方法，即可求得最优直线。

9.3　逻辑回归算法实战——二维鸢尾花分类

本节我们将逻辑回归算法应用到鸢尾花数据集上，看其分类效果。

1. 导入必要的模块

这里我们用到了 Numpy 来提取数据，使用 Matplotlib 做最终的展示，使用 Scikit 中的 iris 作为数据集，导入线性模块 linear_model。使用 sklearn.model_selection 进行测试集和训练集的划分。

```
In [1]: import numpy as np
   ...: import matplotlib.pyplot as plt
   ...: from sklearn import linear_model, datasets
   ...: from sklearn.model_selection import train_test_split
```

2. 导入必要的数据

```
In [2]: iris = datasets.load_iris()   # 导入相关数据
```

3. 获取相应的属性

这里我们取 iris 数据集中的前两个属性。

```
In [3]: X = iris.data[:, :2]   # 我们只使用前两个属性
   ...: X
Out[3]:
array([[5.1, 3.5],
```

```
             [4.9, 3],
             [4.7, 3.2],
             [4.6, 3.1],
             [5. , 3.6],
             [5.4, 3.9],
             [4.6, 3.4],
             ......
             [6.8, 3.2],
             [6.7, 3.3],
             [6.7, 3],
             [6.3, 2.5],
             [6.5, 3],
             [6.2, 3.4],
             [5.9, 3]])
```

4. 获得目标变量

```
In [4]: y = iris.target   # 获得目标变量
```

5. 分割训练集和测试集

train_test_split()方法的第 1 个参数传入的是属性矩阵，第 2 个参数是目标变量，第 3 个参数是测试集所占的比重。它返回了 4 个值，按顺序分别是训练集属性、测试集属性、训练集目标变量、测试集目标变量。

```
In [5]: X_train, X_test, y_train, y_test = train_test_split(X, y, test_size=0.2)
# 分割训练集和测试集
```

6. 设置网格步长

为了接下来的作图做准备。

```
In [6]: h = .02   # 设置网格的步长
```

7. 创建模型对象

```
In [7]: logreg = linear_model.LogisticRegression(C=1e5)   # 创建模型对象
```

8. 训练模型对象

```
In [8]: logreg.fit(X_train, y_train)   # 训练
Out[8]:
LogisticRegression(C=100000.0, class_weight=None, dual=False,
        fit_intercept=True, intercept_scaling=1, max_iter=100,
        multi_class='ovr', n_jobs=1, penalty='l2', random_state=None,
        solver='liblinear', tol=0.0001, verbose=0, warm_start=False)
```

9. 为作图准备

分别设置第 1 维度的网格数据和第 2 维度的网格数据。

```
In [9]: x_min, x_max = X[:, 0].min() - .5, X[:, 0].max() + .5    # 第 1 维度网格数据预备
   ...: y_min, y_max = X[:, 1].min() - .5, X[:, 1].max() + .5    # 第 2 维度网格数据预备
```

10. 做面积图

创建网格数据，"xx，yy"是一个网格类型，主要是为了作面积图。

```
In [10]: xx, yy = np.meshgrid(np.arange(x_min, x_max, h), np.arange(y_min, y_max, h))    # 创建网格数据
```

11. 预测模型

```
In [11]: Z = logreg.predict(np.c_[xx.ravel(), yy.ravel()])    # 预测
```

12. 将预测结果做与"xx，yy"数据结构相同的处理

```
In [12]: Z = Z.reshape(xx.shape)    # 将 Z 矩阵转换为与 xx 相同的形状
```

13. 绘制图像

绘制模型分类器的结果图像。

```
In [13]: plt.figure(figsize=(4, 4))    # 设置画板
    ...: plt.pcolormesh(xx, yy, Z, cmap=plt.cm.Paired)    # 作网格图
Out[13]: <matplotlib.collections.QuadMesh at 0xae38cc0>
```

效果如图 9.21 所示。

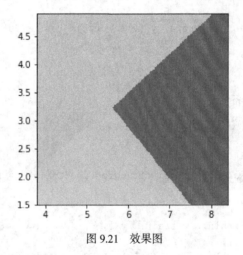

图 9.21　效果图

14. 绘制图像

绘制模型图像以及样本点的图像。

```
In [14]: plt.figure(figsize=(4, 4))    # 设置画板
    ...: plt.pcolormesh(xx, yy, Z, cmap=plt.cm.Paired)    # 作网格图
    ...: plt.scatter(X_test[:, 0], X_test[:, 1], c=y_test, edgecolors='k', cmap=
```

```
plt.cm.Paired)  # 画出预测的结果
    ...:
    ...: plt.xlabel('Sepal length')  # 作 x 轴标签
    ...: plt.ylabel('Sepal width')   # 作 y 轴标签
    ...: plt.xlim(xx.min(), xx.max())  # 设置 x 轴范围
    ...: plt.ylim(yy.min(), yy.max())  # 设置 y 轴范围
    ...: plt.xticks(())  # 隐藏 x 轴刻度
    ...: plt.yticks(())  # 隐藏 y 轴刻度
    ...:
    ...: plt.show()
```

效果如图 9.22 所示。

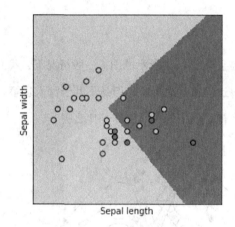

图 9.22　效果图

第 **10** 章
神经网络算法

提到人工神经网络，经常会有图 10.1 所示的图。一般情况下，我们都会将此神经网络与生物学上的人的神经元联系起来。这样虽然很形象，但是不利于深入理解。因为这样一来就很难将神经网络和数学联系起来。那么神经网络的数学解释是什么呢？

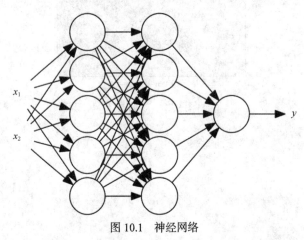

图 10.1　神经网络

10.1　神经网络算法的基础知识

神经网络本质上是逻辑回归类型函数的组合，所以理解神经网络的关键就是理解逻辑回归。前面介绍了线性回归，然后讲解了逻辑回归，现在将讲解神经网络，这三者是一个从浅入深的过程。

10.1.1　逻辑回归与神经网络的关系

其实在第 9 章，我们就已经学习了"人工神经网络"，因为逻辑回归就是浅层的神经网络。我们可以理解为，逻辑回归算法就是一个一层的神经网络，如图 10.2 所示。

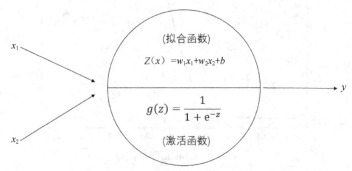

图 10.2　逻辑回归与神经网络

假设有如下的神经元，如图 10.3 所示。

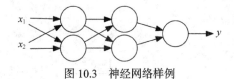

图 10.3　神经网络样例

那么逻辑回归就是其中的一个节点，如图 10.4 所示。

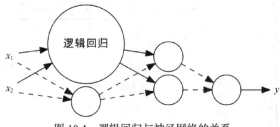

图 10.4　逻辑回归与神经网络的关系

10.1.2　激活函数

在神经网络中，我们称逻辑回归中的 Sigmoid 函数为激活函数。在神经网络中，有很多可选的激活函数。

1. Sigmoid 函数

Sigmoid 函数定义如下：

$$\text{sig}(x) = \frac{1}{1+e^{-x}}$$

其图像如图 10.5 所示。

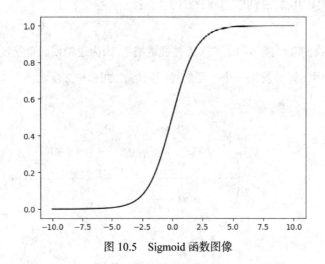

图 10.5　Sigmoid 函数图像

Sigmoid 函数将拟合曲线最后的结果转换到(0,1)区间。比较大的负数无限接近于 0，比较大的正数无限接近于 1。这样我们就可以用 0,1 来表示不同的分类结果。

2. tanh 函数

tanh 函数的定义如下：

$$\tanh(x) = \frac{1 - e^{-2x}}{1 + e^{-2x}}$$

其图像如图 10.6 所示。

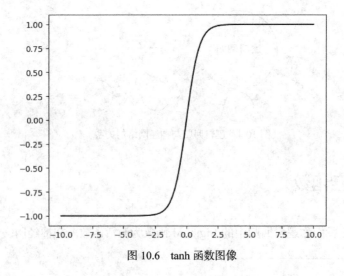

图 10.6　tanh 函数图像

tanh 函数将拟合曲线最后的结果转换到(-1,1)的区间上。比较大的负数无限接近于-1，比较大的正数无限接近于 1。

3. ReLU 函数

ReLU 函数的定义如下：

$$f(x) = \begin{cases} 0, & x \leqslant 0 \\ x, & x > 0 \end{cases}$$

其图像如图 10.7 所示。

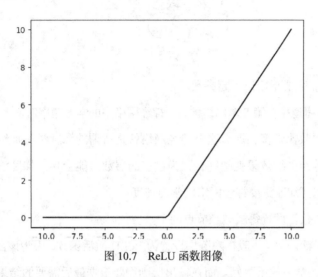

图 10.7 ReLU 函数图像

RelU 函数将拟合曲线最后的结果转换到$[0, +\infty)$的区间上，其中小于 0 的结果转换为 0，大于 0 的结果不变。因为 Sigmoid 函数和 tanh 函数在训练神经网络的过程中效率比较低，所以现在都默认使用 ReLU 函数进行训练。

10.2 深入理解神经网络算法

我们已经知道神经网络其实是多个逻辑回归的叠加。一个复杂的神经网络包括很多层，对于这样庞大的系统我们可能无从下手，其实只要把握两个关键点就行。第一个是隐藏层，隐藏层主要控制神经网络的计算复杂度以及计算的精度，我们可以通过调节隐藏层来控制算法的速度和准确度。第二个是输出层，输出层决定了神经网络的功能类型，例如某个神经网络是要做回归还是分类？如果做分类的话，是做二分类还是多分类？这些都是输出层决定的。

10.2.1 神经网络的表示

一般我们将隐藏层和输出层计入神经网络的总层数，但是输入层不计入总层数。所以图 10.8所示的神经网络是 3 层神经网络，包括 2 个隐藏层和 1 个输出层。

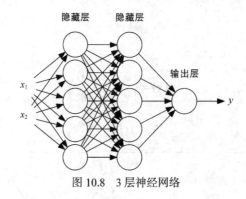

图 10.8　3 层神经网络

构建神经网络时，需要指定以下超参数。

- 学习速率。学习速率在第 8 章已讲解过，神经网络中的学习速率对应多个节点的多个参数。
- 层数。如果层数比较多，那么这个神经网络就是所谓的深度学习神经网络了。不过，并不是越深的神经网络效果就越好，因为过多的层数可能会导致梯度消失。而现在学者也在深入研究如何加速深度神经网络的学习速度。
- 每层节点的个数。设置每层神经节点的个数。
- 设置节点的激活函数。一般在隐藏层设置为 ReLU 激活函数，因为该函数比 Sigmoid 函数和 tanh 函数的学习效果更好。而在输出层则需要根据最后需要的结果来选择函数，这些函数会在接下来的小节进行详细讲解。

10.2.2　做回归的神经网络

在进行回归预测的神经网络中，最后的输出层需要设置为线性（line）的，即不需要设置任何激活函数，如图 10.9 所示。

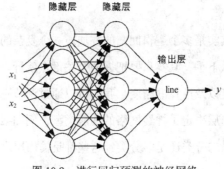

图 10.9　进行回归预测的神经网络

10.2.3　做二分类的神经网络

在进行二分类预测的神经网络中，最后的输出层可以设置为 Sigmoid（sig）函数，如图 10.10 所示。

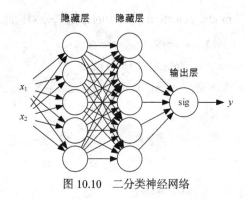

图 10.10　二分类神经网络

10.2.4　做多分类的神经网络

在机器学习的项目中，我们经常遇到的是多分类问题。对于多分类问题，可以将最后的输出层设置为 Softmax（sm）函数，如图 10.11 所示。

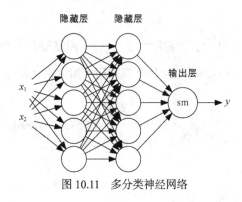

图 10.11　多分类神经网络

10.3　神经网络的应用

在 Scikit 中神经网络被称为多层感知器（Multi-layer Perceptron），它可以用于分类或回归的非线性函数。用于分类的模块是 MLPClassifier，而用于回归的模块则是 MLPRegressor。

10.3.1　MLPClassifier 分类

MLPClassifier 主要用来做分类，我们用 MLPClassifier 在鸢尾花数据上做测试。

1. 导入必要的模块

这里我们用到 sklearn 中 neural_network 模块的 MLPClassifier 分类器。此外，使用 load_iris

来获取 iris 数据集。我们使用 model_selection 模块中的方法来分割训练集和测试集。

```
In [1]: from sklearn.neural_network import MLPClassifier
   ...: from sklearn.datasets import load_iris
   ...: from sklearn.model_selection import train_test_split
```

2. 导入数据集

```
In [2]: iris = load_iris()    # 导入数据集
```

3. 获得自变量数据集

```
In [3]: X = iris['data']    # 获取自变量数据
```

4. 获取因变量数据集

```
In [4]: y = iris['target']    # 获取因变量数据
```

5. 分割训练集和测试集

```
In [5]: X_train, X_test, y_train, y_test = train_test_split(X, y, test_size=0.2)
# 分割训练集和测试集
```

6. 初始化神经网络

这里，通过 hidden_layer 参数设置隐藏层为 3 层，每个隐藏层有 3 个神经元。另外通过 max_iter 参数设置最大的迭代次数为 100000 次。solver 参数用于指定最优化方法，adam 则是另一种优化的算法。

```
In [6]: clf = MLPClassifier(solver='adam', alpha=1e-5,hidden_layer_sizes=(3,3),
random_state=1,max_iter=100000,)    # 创建神经网络分类器对象
```

7. 训练模型

可以看到其他参数，比如 alpha 代表了学习速率。

```
In [7]: clf.fit(X, y)    # 训练模型
Out[7]:
MLPClassifier(activation='relu', alpha=1e-05, batch_size='auto', beta_1=0.9,
        beta_2=0.999, early_stopping=False, epsilon=1e-08,
        hidden_layer_sizes=(3, 3), learning_rate='constant',
        learning_rate_init=0.001, max_iter=100000, momentum=0.9,
        nesterovs_momentum=True, power_t=0.5, random_state=1, shuffle=True,
        solver='adam', tol=0.0001, validation_fraction=0.1, verbose=False,
        warm_start=False)
```

8. 查看模型评分

```
In [8]: clf.score(X_test,y_test)    # 模型评分
Out[8]: 0.9666666666666667
```

10.3.2　MLPRegressor 回归

MLPRegressor 主要用来做回归，现在来测试一下用模拟数据做回归模型的效果。

1. 导入必要的模块

这里导入了 sklearn.neural_network 中的 MLPRegressor 回归模块。下面的测试并没有使用 sklearn 中的数据集，而使用模拟的数据。

```
In [1]: import numpy as np
   ...: import matplotlib.pyplot as plt
   ...: from sklearn.neural_network import MLPRegressor
```

2. 生成模拟的自变量数据集

这里生成的是从−3.14 到 3.14 区间里平均分割的 400 个点。

```
In [2]: X = np.linspace(-3.14, 3.14, 400)
```

3. 转换数据类型

将 X 转换为一个一维的数组。

```
In [3]: X1 = X.reshape(-1,1)
```

4. 生成模拟的目标变量数据

```
In [4]: y = np.sin(X) + 0.3*np.random.rand(len(X))
```

5. 初始化模型对象

```
In [5]: clf = MLPRegressor(alpha=1e-6,hidden_layer_sizes=(3, 2), random_state=1,
max_iter=100000,activation='logistic')  # 创建模型对象
```

6. 训练模型对象

```
In [6]: clf.fit(X1, y)   # 训练模型
Out[6]:
MLPRegressor(activation='logistic', alpha=1e-06, batch_size='auto',
        beta_1=0.9, beta_2=0.999, early_stopping=False, epsilon=1e-08,
        hidden_layer_sizes=(3, 2), learning_rate='constant',
        learning_rate_init=0.001, max_iter=100000, momentum=0.9,
        nesterovs_momentum=True, power_t=0.5, random_state=1, shuffle=True,
        solver='adam', tol=0.0001, validation_fraction=0.1, verbose=False,
        warm_start=False)
```

7. 预测

```
In [7]: y2 = clf.predict(X1)   # 做出预测曲线
```

8. 画出预测结果

结果如图 10.12 所示。

```
In [8]: plt.scatter(X,y)  # 画图
   ...: plt.plot(X,y2,c="red")
Out[8]: [<matplotlib.lines.Line2D at 0xaefeeb8>]
```

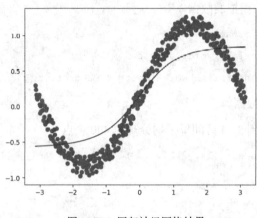

图 10.12　回归神经网络结果

我们还可以尝试用不同的激活函数得到不同的结果，如图 10.13 和图 10.14 所示。

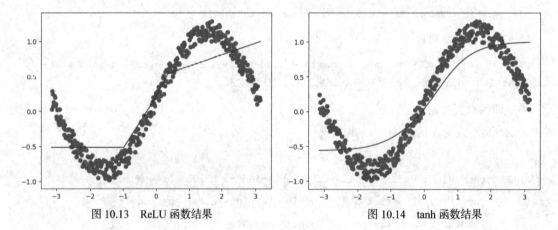

图 10.13　ReLU 函数结果　　　　　　图 10.14　tanh 函数结果

第11章
线性判别算法

线性判别也称为 Fisher 线性判别，它经常被用于分类和数据预处理中的降维步骤。之所以被称为 Fisher 线性判别，是因为它的提出者是罗纳德·费希尔（Ronald Fisher）。线性判别首次提出是在 1936 年，其最主要的使用场景是处理维数灾难而造成的过度拟合问题，少数情况下也用于处理分类问题。

一般意义上的线性判别算法（Linear Discriminant Analysis，LDA）与主成分分析算法（Principal Component Analysis，PCA）十分相似。它们的不同之处是 PCA 寻找的低纬空间是使全部数据方差最大，而 LDA 寻找的低纬空间则是综合考量方差与类别间距。

11.1　线性判别算法的核心知识

用高等数学的知识来解释线性判别算法，即线性判别就是降维，通过线性变换将高维空间的数据降到低维空间。但这对初学者来说并不好理解，所以本章我们将通过高中的数学知识来解释线性判别算法。

线性判别算法最核心的知识是方差和投影。方差用来描述一组数据的离散程度，即刻画各个数据和平均值的关系，而投影则用来解二元一次方程组。

11.1.1　方差

方差用来描述一组数据的离散程度。可以形象地理解为，一组数据的方差越大，则取值范围越大，在图像中就越长；相反，则取值范围越小，在图像中就越短。假设有 3 组数据，如表 11.1 所示。

表 11.1   3 组数据

分组	数据
第 1 组	[1,2,3,4,5]
第 2 组	[2.7,2.5,3,3.5,3.7]
第 3 组	[3,3,3,3,3]

查看对 3 组数据的统计描述，如表 11.2 所示。

表 11.2   3 组数据的描述

描述	第一组	第二组	第三组
计数	5.000000	5.000000	5.0
均值	3.000000	3.080000	3.0
标准差	1.581139	0.511859	0.0
最小值	1.000000	2.500000	3.0
上四分位点	2.000000	2.700000	3.0
中位数	3.000000	3.000000	3.0
下四分位点	4.000000	3.500000	3.0
最大值	5.000000	3.700000	3.0

可以看到，三组数据都有 5 个数，它们的均值都是 3，第一组数据的标准差>第二组数据的标准差>第三组数据的标准差。最直观的感受就是方差越大的数组，它的范围越大，越"长"；方差越小的数组，它的范围越小，越"短"，如图 11.1 所示。

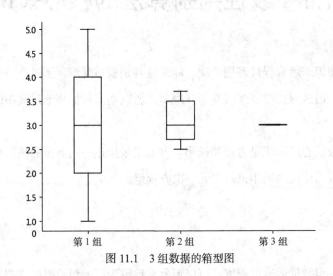

图 11.1   3 组数据的箱型图

11.1.2　投影

如图 11.2 所示，已知点

$$P(5, 5)$$

和直线 L

$$y = 0.6x$$

现在求 P 点在直线上投影的坐标。

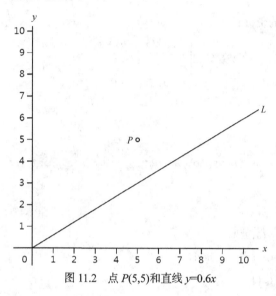

图 11.2　点 $P(5,5)$ 和直线 $y=0.6x$

如图 11.3 所示，直线 L 外一点 P 到直线 L 投影，是过点 P，并与直线 L 垂直的直线与直线 L 的交点 M。

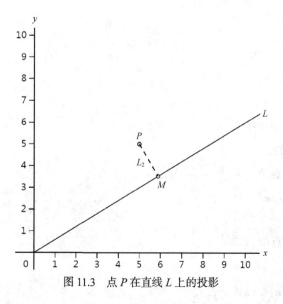

图 11.3　点 P 在直线 L 上的投影

通过高中的知识我们知道，两条直线垂直，则他们的斜率乘积为-1

$$k_1 \cdot k_2 = -1$$

设过 P 点(x_0, y_0)的直线 $L2$ 为：

$$y - y_0 = -k - (x - x_0)$$

两条直线的交点为 $M(x_1, y_1)$，那么可以得到如下方程：

$$\begin{cases} y = kx + b \\ y - y_0 = -\dfrac{1}{k}(x - x_0) \end{cases}$$

解方程可得交点 M 的坐标：

$$\begin{cases} x_1 = \dfrac{k(y_0 - b) + x_0}{k^2 + 1} \\ y_1 = kx_1 + b \end{cases}$$

Python 代码实现如下。

1. 导入画图模块

```
In [1]: import matplotlib.pyplot as plt
```

2. 实现公式

```
In [2]: def ty(k,b,p):
   ...:     x=range(0,12)
   ...:     y=[k*i+b for i in x]
   ...:     x1=(k*(p[1]-b)+p[0])/(k*k+1)
   ...:     y1=k*x1+b
   ...:     return {"line":[x,y],"tyd":[x1,y1]}
```

3. 初始化参数

```
In [3]: k=0.6
   ...: b=0
   ...: p=[5,5]
```

4. 获得相关数据

```
In [4]: data = ty(k,b,p)
```

5. 初始化作图的数据

```
In [5]: x=data['line'][0]
   ...: y=data['line'][1]
   ...: x1=data['tyd'][0]
   ...: y1=data['tyd'][1]
```

6. 作图

```
In [6]: plt.figure(figsize=(10,10))
```

```
...: plt.plot(x,y,color='k')

...: plt.scatter(p[0],p[1],color='',edgecolors='k')

...: plt.scatter(x1,y1,color='',edgecolors='k')

...: plt.plot([p[0],x1],[p[1],y1],ls='--',c='k')

...: plt.xlim(0,11)

...: plt.ylim(0,11)

...: plt.show()
```

11.1.3 投影方式与方差的关系

已知点集 A，它在二维平面的分布如图 11.4 所示。

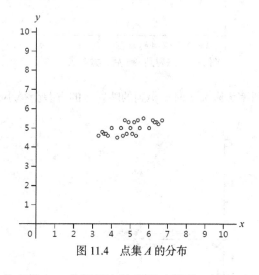

图 11.4 点集 A 的分布

如果将它们映射到一条直线上，我们很容易想到映射到 x 轴上时，得到的映射点的方差会大（长），如图 11.5 所示。

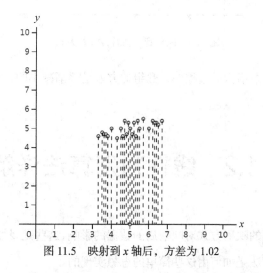

图 11.5 映射到 x 轴后，方差为 1.02

我们逐渐增大斜率，将它们映射到 $y=x$ 上（斜率为 1）时，得到的映射点的方差会减小，如图 11.6 所示。

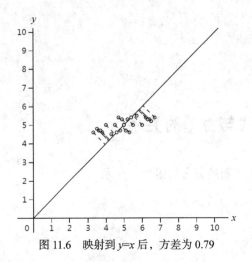

图 11.6　映射到 $y=x$ 后，方差为 0.79

而当映射到 y 轴上（斜率无限大）时，得到的映射点的方差会很小（短），如图 11.7 所示。

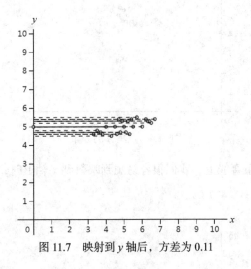

图 11.7　映射到 y 轴后，方差为 0.11

斜率从 0 到正无穷逐渐增大的过程中，数组的方差是逐渐减小的，也就是数组的方差与斜率成反比。

11.2　线性判别算法详解

我们详细探讨了不同的映射方式对映射后的数据的影响，这些是线性判别算法最根本的思想。接下来看一看线性判别算法是如何由这些简单的思想实现的。

11.2.1　投影的实际应用

有两种类别的数据：空心圆和实心圆，如图 11.8 所示。

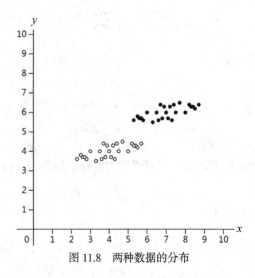

图 11.8　两种数据的分布

现在要将它们映射到一条直线上，保证映射之后仍然可以明显分类。通过 11.1 节内容学习，我们的一个思路就是使映射之后同一类别的方差最小（短），这样不同类别就不容易重合。不妨将它们映射到 y 轴上，如图 11.9 所示，投影之后，可以很容易地把二者区分开来。

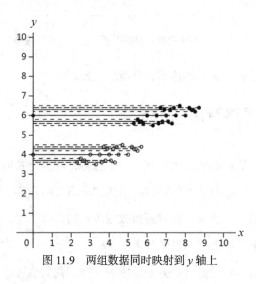

图 11.9　两组数据同时映射到 y 轴上

但这种方法并不是任何情况下都可行，比如图 11.10 所示的两种类别的数据分布。

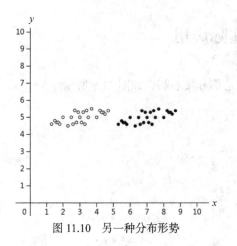

图 11.10　另一种分布形势

如果我们将它们映射到 y 轴上，就会出现严重的重叠，如图 11.11 所示。

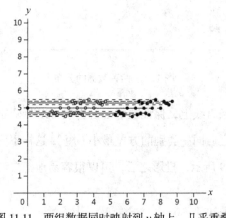

图 11.11　两组数据同时映射到 y 轴上，几乎重叠

两种数据几乎完全重叠了，这样就达不到分类的效果。

11.2.2　另一种思路解决重叠问题

如何克服 11.2.1 节提到的重叠情况呢？有另一个思路，就是让映射之后的数据尽量分离。在数学中，我们用不同组数据中心点之间的距离来描述"分离"的程度。如图 11.12 所示，不妨将这两组数据全部投影到 x 轴上，这样，虽然两组数据各自的方差很大，但是因为二者投影之后组间的数据相距足够远，还是可以进行明显的分类。

和 11.2.1 节观察不同投影对投影之后方差的影响一样，我们也可以逐渐增大斜率，观察不同投影对组间数据中心点距离的影响。增大斜率到 0.5，如图 11.13 所示，两组数据映射后中心点的距离减小，二者边界接近重合。

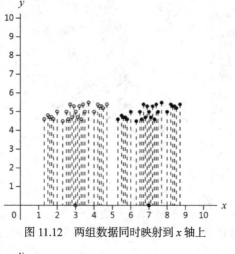

图 11.12 两组数据同时映射到 x 轴上

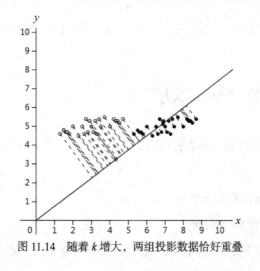

图 11.13 随着 k 增大，两组投影数据的边界将要重叠

继续增大斜率到 0.75，如图 11.14 所示，两组数据的边界恰好重叠。

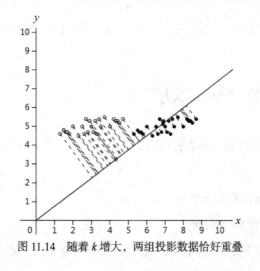

图 11.14 随着 k 增大，两组投影数据恰好重叠

继续增大斜率到 1.5，如图 11.15 所示，两组数据的边界重叠部分增多，二者中心点也在靠近。

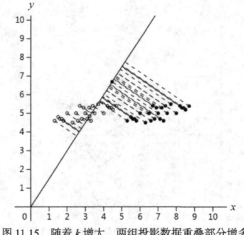

图 11.15　随着 k 增大，两组投影数据重叠部分增多

继续增大斜率到正无穷，如图 11.16 所示，二者数据完全重叠，中心点也重叠。

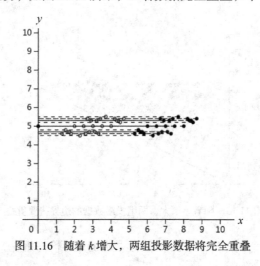

图 11.16　随着 k 增大，两组投影数据将完全重叠

斜率从 0 到正无穷逐渐增大的过程中，二者中心点距离是逐渐缩小的，也就是中心点距离与斜率成反比。

11.2.3　线性判别算法的实质

经过上面的分析，我们知道，要想将这两个数组区分开，需要找到一条直线，这条直线需要满足以下两个条件。

- 投影后每组数据的方差足够小。
- 投影后组与组之间的距离足够大。

图 11.17 所示的直线就是最终我们要找的直线，综合考虑了组内的方差和组间的距离。

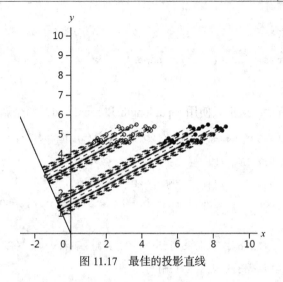

图 11.17　最佳的投影直线

可以明显看出，虽然投影到 x 轴可以将两组数据分类，但是组之间的间距并不是最大的。而这条最优直线，可以将两组数据的间距拉到最大。

11.3　线性判别算法实战——花卉分类

本节我们将线性判别算法应用到花卉分类场景中。花卉分类指通过花卉不同的特征，如花瓣的长和宽、花蕊的长和宽，将花卉分为不同的类别。本节先将多维数据简化为二维数据，以便和理论知识部分相呼应。

1. 导入本项目所需要的模块

```
In [1]: import numpy as np
   ...: import matplotlib.pyplot as plt
   ...: from sklearn import datasets
   ...: from sklearn.discriminant_analysis import LinearDiscriminantAnalysis
   ...: from sklearn.model_selection import train_test_split
```

2. 导入数据集

```
In [2]: iris = datasets.load_iris()
```

3. 获取自变量数据

```
In [3]: X = iris['data']
```

4. 获取因变量数据

```
In [4]: y = iris['target']
```

5. 获取因变量名称

```
In [5]: target_names = iris['target_names']
```

6. 观察数据集

数据集如图 11.18 所示，这里只使用 sepal length 和 sepal width 两个属性。

```
In [11]: for m,i,target_name in zip('vo^',range(2),target_names[0:2]):
    ...:     sl = X[y == i,0]  # sl = sepal length (cm)
    ...:     sw = X[y == i,1]  # sw = sepal width (cm)
    ...:     plt.scatter(sl,sw,marker=m,label=target_name,s=30,c='k')
    ...:
    ...: plt.xlabel('sepal length (cm)')   # 绘制 x 轴和 y 轴标签名
    ...: plt.ylabel('sepal width (cm)')
    ...: plt.show()
```

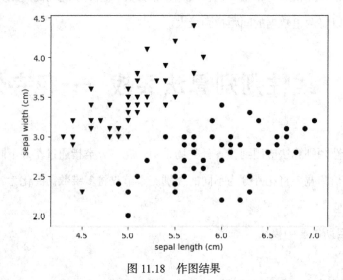

图 11.18　作图结果

7. 关闭作图窗口

```
In [7]: plt.close()
```

8. 获取数据

获取 sepal length 和 sepal width 两个属性的自变量矩阵；获取 sepal length 和 sepal width 两个属性的因变量矩阵。

```
In [8]: X=X[(y==1) | (y==0),0:2]
   ...: y=y[(y==1) | (y==0)]
```

9. 创建模型变量

通过 n_components 参数设置压缩之后的维度为 1。

```
In [9]: lda = LinearDiscriminantAnalysis(n_components=1)
```

10. 训练数据

```
In [10]: ld = lda.fit(X,y)
```

11. 将模型应用到原矩阵上

这一步实际上就是通过模型进行降维。

```
In [11]: X_t =ld.transform(X)
```

12. 转换 y 的结构

因为压缩到 1 维，所以 y 轴坐标全部为 0。

```
In [12]: y_t = np.zeros(X_t.shape)
```

13. 作压缩后的图像

结果如图 11.19 所示。

```
In [13]: for m,i,target_name in zip('ov^',range(2),target_names[0:2]):   # 做压缩后
#的图像

    ...:         plt.scatter(X_t[y == i],y_t[y == i],marker=m,label=target_name,s=30,
c='k')

    ...:

    ...: plt.legend()

    ...: plt.show()
```

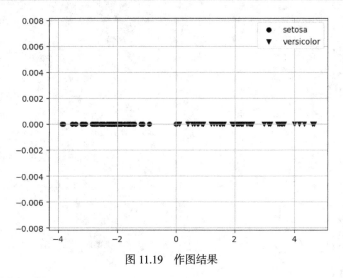

图 11.19　作图结果

14. 关闭作图窗口

```
In [14]: plt.close()
```

15. 分割训练集和测试集

这里取 80%作为训练集，20%作为测试集。

```
In [15]: X_train,X_test,y_train,y_test = train_test_split(X,y,test_size=0.2)
```

16. 创建线性判别对象

```
In [16]: lda = LinearDiscriminantAnalysis(n_components=1)
```

17. 训练模型

```
In [17]: ld = lda.fit(X_train,y_train)
```

18. 模型预测

```
In [18]: pre = ld.predict(X_test)
```

19. 查看预测结果

```
In [19]: list(zip(pre,y_test,pre==y_test))
Out[19]:
[(0, 0, True),
 (0, 0, True),
 (1, 1, True),
 (1, 1, True),
 (1, 1, True),
 (0, 0, True),
 (0, 0, True),
 (1, 1, True),
 (1, 1, True),
 (1, 1, True),
 (1, 1, True),
 (1, 1, True),
 (1, 1, True),
 (0, 0, True),
 (0, 0, True),
 (1, 1, True),
 (0, 0, True),
 (0, 0, True),
 (1, 1, True),
 (1, 1, True)]
```

20. 查看准确率

```
In [20]: ld.score(X_test,y_test)
Out[20]: 1.0
```

第 **12** 章
K 最近邻算法

K 最近邻（K-Nearest-Neighbour，KNN）算法是比较基础的分类算法，易于理解，其核心思想就是距离的比较，即离谁最近，就被归类于谁。

12.1 K 最近邻算法的核心知识

K 最近邻的核心数学知识是距离的计算和权重的计算。我们把需要预测的点作为中心点，然后计算其周围一定半径内的已知点距其的距离，挑选前 k 个点，进行投票，这 k 个点中，哪个类别的点多，该预测点就被判定属于哪一类。

12.1.1 两点的距离公式

已知坐标系中有两个点，三角形坐标(3,4)和圆坐标(7,7)，如图 12.1 所示，它们的距离应该如何计算呢？

我们一般使用欧式距离，即高中学到的两点间的距离公式，如图 12.2 所示，它的本质就是勾股定理：

$$a^2 + b^2 = c^2$$

根据勾股定理，我们可计算两点之间的距离为 5。

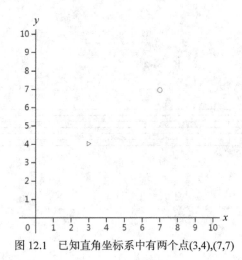

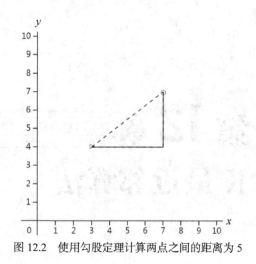

图 12.1 已知直角坐标系中有两个点(3,4),(7,7)　　　图 12.2 使用勾股定理计算两点之间的距离为 5

12.1.2 权重

权重是指某一个因素相对于整个事物的重要程度，它既体现了各个因素所占的百分比，同时也强调了因素的相对重要程度和贡献度。

例如，成绩评分分为平时成绩和考试成绩，平时成绩占总成绩的 30%，而考试成绩占 70%。也就是说，如果平时成绩是 90 分，考试成绩是 80 分，则总成绩是 $90 \times 0.3 + 80 \times 0.7 = 83$ 分。

从这个权重配比来看，相比平时成绩，学校更看重的是考试成绩。

12.2　K 最近邻算法详解

本节学习如何将基础知识应用到 K 最近邻算法中。

12.2.1　K 最近邻算法原理

已知有两个类别的数据——三角形和圆形，如图 12.3 所示。我们可以看到三角形主要分布在坐标系的左侧，圆形主要分布在坐标系的右侧。

现在给出一个点(2,5)，很容易判别该点属于三角形的类别，因为它的周围全部都是三角形，如图 12.4 所示。

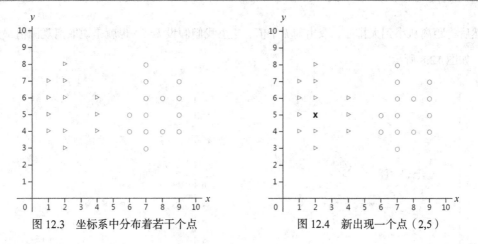

图 12.3　坐标系中分布着若干个点　　　　　图 12.4　新出现一个点（2,5）

同样的道理，给出点(8,5)，也很容易判别这一点属于圆形的类别，如图 12.5 所示。

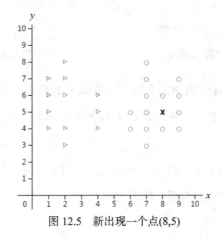

图 12.5　新出现一个点(8,5)

但如果一点出现在(5,5)位置时，如图 12.6 所示，它应该属于哪一个类别呢？似乎并不好判别，因为它的周围既有三角形，又有圆形。

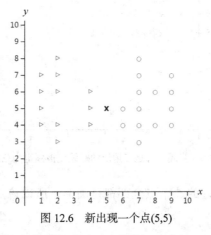

图 12.6　新出现一个点(5,5)

让我们看一看 K 最近邻算法是如何解决这个问题的。如图 12.7 所示，K 最近邻算法首先会计算图像中每个样本点到该观测点的距离。

然后将距离从小到大排序，取出前 k 个值，这里我们假设 $k=5$，也就是说取离观测值最近的 5 个点，如图 12.8 所示

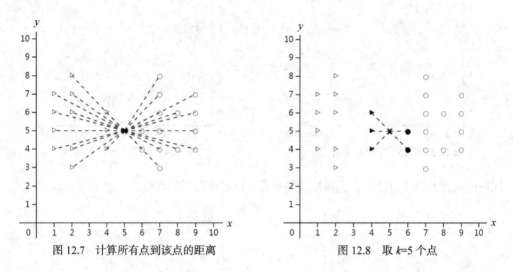

图 12.7　计算所有点到该点的距离　　　　　图 12.8　取 $k=5$ 个点

然后在这 5 个值中计算各个类别的个数，个数最多的类别，就是该观测值的类别。例如，这里三角形有 3 个，圆形有 2 个，三角形的个数大于圆形的个数，所以该观测值会被判定为三角形。

回想本节开头所给出的两个图，图 12.4 和图 12.5。当 $k=5$ 时，点(2,5)周围最近的 5 个点全部都是三角形，所以该点被判定为三角形，如图 12.9 所示。

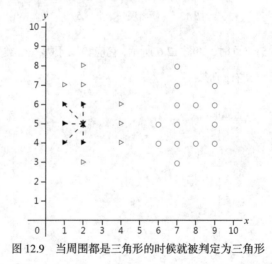

图 12.9　当周围都是三角形的时候就被判定为三角形

$k=5$ 时，点(8,5)周围最近的 5 个点全部都是圆形，所以该点被判定为圆形，如图 12.10 所示。

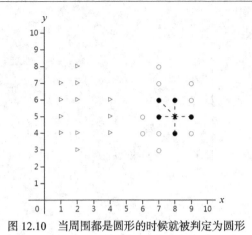

图 12.10　当周围都是圆形的时候就被判定为圆形

12.2.2　K 最近邻算法的关键——*k* 的选择

选择不同的 *k* 值，将会导致不同的结果。例如回到图 12.8，当 *k* 取 5 时，新出现的点被归为三角形。但是当我们设置 *k* 等于 7 时，结果则恰恰相反，该点将被归为圆形，如图 12.11 所示，此时该点的周围有 4 个圆形和 3 个三角形，所以此点会被归为圆形。

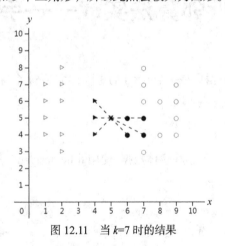

图 12.11　当 *k*=7 时的结果

由此可知，选取不同的 *k* 值，会对最后的结果造成很大影响，那么应该如何确定 *k* 值呢？可以通过设置不同的 *k* 值，然后比较不同 *k* 值对应的最后结果的正确率来确定。

12.2.3　距离加权最近邻算法

k 值的选择会对结果造成影响，想象一个特例，当我们取 *k*=2 时，正好周围有一个圆形和一个三角形，此时我们应该怎样对这个点进行分类呢？现在有一点(4.9,5)，当 *k*=2 时，周围有一个圆形和一个三角形，如图 12.12 所示。此时如果没有设置正确的程序，则会出现异常的结果，因

为圆形和三角形的个数相同。

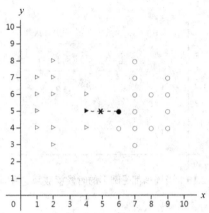

图 12.12　当 k=2 时，点(4.9,5)周围有一个圆形和一个三角形

　　进一步分析可以发现，这个点到三角形的距离是 4.9，而到圆形的距离是 5，我们可不可以说，这个点更靠近三角形，所以把这个点归为三角形呢？这就是距离加权最近邻算法。

12.3　K 最近邻算法实战——手写字体识别

　　我们已经知道手写字体数据集是一个 8×8 的矩阵，共有 64 个特征。让我们看一下 K 最近邻算法对手写字体数据集处理的效果。

1. 导入相关包

这里我们将用到 datasets 中的手写字体数据，使用 train_test_split 进行训练集和测试集的分割，然后使用 KNeighborsClassifier 进行分类。

```
In [1]: from sklearn import datasets
   ...: from sklearn.model_selection import train_test_split
   ...: from sklearn.neighbors import KNeighborsClassifier
```

2. 获得手写字体数据集

```
In [2]: digits = datasets.load_digits()
```

3. 将手写字体数据集赋值给 X

这里注意赋值的是"data"，而不是"images"。"data"已经将图片处理成数字。

```
In [3]: X = digits.data
```

4. 将目标变量赋值给 y

```
In [4]: y = digits.target
```

5. 分割数据集

分别抽样选出训练集和测试集，这里我们将测试集的比重设置为 20%。

```
In [5]: X_train, X_test, y_train, y_test = train_test_split(X, y, test_size=0.2)
```

6. 新建分类器模型

k 值选择 3。

```
In [6]: kNN_classifier = KNeighborsClassifier(n_neighbors=3)
```

7. 将模型应用到训练集上

```
In [7]: kNN_classifier.fit(X_train, y_train)
Out[7]:
KNeighborsClassifier(algorithm='auto', leaf_size=30, metric='minkowski',
          metric_params=None, n_jobs=1, n_neighbors=3, p=2,
          weights='uniform')
```

8. 对测试集进行预测并且打分

```
In [8]: kNN_classifier.score(X_test,y_test)
Out[8]: 0.9916666666666667
```

第13章
决策树方法与随机森林

决策树又称为判定树，它所使用的知识包含概率、期望以及信息熵。顾名思义，决策树方法就是对一件事做出决定，比如我们该执行方案 1，还是方案 2。但用决策树方法做出决策并不是去考虑具体的因素，而是有一定的信息理论支撑。本章我们会先讲述有关概率和期望的知识，接着引出信息理论中的信息熵和信息增益的概念，最后讲解一个决策树方法的应用案例。

13.1 决策树方法的基本知识

首先我们要先了解决策树方法需要的基本知识——概率与期望。

数学期望是实验中每次可能结果的概率乘以其结果的总和。比如在我们购买彩票的时候，5 元面值的彩票的中奖概率是 0.4，不中奖的概率是 0.6，那么我们购买彩票获奖的期望就是 $5 \times 0.4 + 0 \times 0.6 = 2$ 元。

信息值，可以简单理解为信息的价值。什么样的信息是有价值的呢？假如你生活在平原，我告诉你，明天不会地震。这个信息的价值就很低，因为发生地震的概率本来就很低。但是，如果我告诉你，明天会发生地震，这个价值就很高了，因为我预测了一个小概率事件。对，这就是信息价值的定义，概率越小的信息，价值越高。我们用以下公式表达信息的价值。

$$l(x_i) = -\log_2 p(x_i)$$

1. 导入相关模块

这里我们使用了 math 模块。math 模块包含了基础数学计算的包。

```
In [1]: import matplotlib.pyplot as plt
   ...: from math import log
```

2. 生成 p(x)

```
In [2]: x = [i/100 for i in range(1,101)]
   ...: x
Out[2]:
[0.01,
 0.02,
 0.03,
 0.04,
 0.05,
 0.06,
 0.07,
 0.08,
 0.09,
 0.1,
 ......
 0.9,
 0.91,
 0.92,
 0.93,
 0.94,
 0.95,
 0.96,
 0.97,
 0.98,
 0.99,
 1.0]
```

3. 生成 I(x)

```
In [3]: y = [-log(i,2) for i in x]
   ...: y
Out[3]:
[6.643856189774724,
 5.643856189774724,
 5.058893689053569,
 4.643856189774724,
 4.321928094887363,
```

```
4.058893689053568,

3.8365012677171206,

3.6438561897747253,

3.4739311883324127,

3.321928094887362,

......

0.15200309344504997,

0.13606154957602837,

0.12029423371771177,

0.10469737866669322,

0.08926733809708741,

0.07400058144377693,

0.058893689053568565,

0.043943347587597055,

0.029146345659516508,

0.01449956969511509,

-0.0]
```

4. 作图

信息值与概率之间的关系如图 13.1 所示。

```
In [4]: plt.xlabel("p(x)")
   ...: plt.ylabel("l(x)")
   ...: plt.plot(x,y)
Out[4]: [<matplotlib.lines.Line2D at 0x8eeba90>]
```

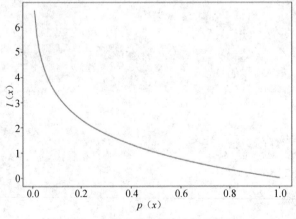

图 13.1　信息值与概率之间的关系

可以看到随着概率值的增加，信息值在降低。

13.2　决策树方法的原理

决策树在机器学习中有着广泛的应用，主要是因为它易于解释。例如，现在要做一个决策：周末是否要打球，我们可能要考虑下面几个因素。第一，天气因素，如果是晴天，我们就打球，如果是雨天我们就不打球。第二，球场是否满员，如果满员，我们就不打球，如果不满员我们就打球。第三，是否需要加班，如果加班则不打球，如果不需要加班则打球。这样我们就形成了一个决策树，如图 13.2 所示。

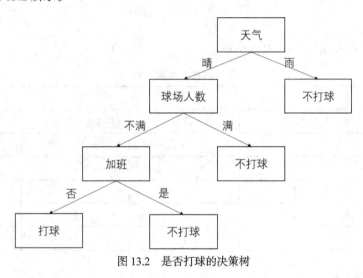

图 13.2　是否打球的决策树

可以将这个决策过程抽象一下，每个决策点称为分支节点，如图 13.3 所示。

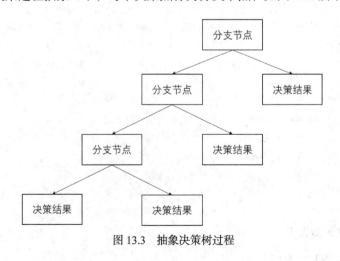

图 13.3　抽象决策树过程

13.2.1 信息熵

看起来很简单，但是有一个问题，如何确定决策点的顺序呢？例如在是否打球的决策树中，我们为什么会选择天气因素作为第一个决策点，而不将球场是否满员作为第一个决策点呢？

这是一个很有意思的问题，在构造决策树时，需要将那些起决定性作用的特征作为首要的决策点。所以我们要评估每一个特征，然后将它们按作用大小排列。

而这个决定性作用应该如何衡量呢？首先，要了解一个概念——"熵"。熵是指信息的期望值。信息熵的公式为：

$$H = -\sum_{i=0}^{N} p(x_i) \log_2 p(x_i)$$

假设我们有如下数据，如表 13.1 所示。

表 13.1   是否打球的决策数据

实例	特征			
	0（天气）	1（满员）	2（工作）	3
0	1	0	0	打球
1	1	0	1	打球
2	0	1	1	打球
3	0	0	1	不打球
4	1	1	1	打球

1. 导入相关模块

```
In [1]: import numpy as np
   ...: import pandas as pd
```

2. 导入相关数据

```
In [2]: data = [
   ...:     [1, 0, 0, '打球'],
   ...:     [1, 0, 1, '打球'],
   ...:     [0, 1, 1, '打球'],
   ...:     [0, 0, 1, '不打球'],
   ...:     [1, 1, 1, '打球']
   ...: ]
```

3. 将数据转换为数据框

```
In [3]: df=pd.DataFrame(data)
```

4. 查看数据的长度

```
In [4]: data_length = len(data)
   ...: data_length
Out[4]: 5
```

5. 提取目标变量

```
In [5]: target = df.iloc[:,-1]
```

6. 计算目标变量各个类型的数量

```
In [6]: label_counts = target.value_counts()
   ...: label_counts
Out[6]:
打球        4
不打球      1
Name: 3, dtype: int64
```

7. 将列表转换为字典的格式

```
In [7]: label_dict = label_counts.to_dict()
   ...: label_dict
Out[7]: {'打球': 4, '不打球': 1}
```

8. 初始化熵的值

```
In [8]: entropy = 0
```

9. 计算熵

```
In [9]: for key in label_dict:
   ...:        prob = float(label_dict[key])/data_length
   ...:        entropy -= prob * np.log2(prob)
```

10. 查看结果

```
In [10]: entropy
Out[10]: 0.7219280948873623
```

13.2.2　分割数据

知道了如何计算信息熵，接下来就是要计算信息增益了，信息增益就是信息熵的差值。在计算信息增益之前要对数据进行分割。

1. 导入相关模块

```
In [1]: import pandas as pd
```

2. 导入相关数据

```
In [2]: data = [
```

```
  ...:       [1, 0, 0, '打球'],
  ...:       [1, 0, 1, '打球'],
  ...:       [0, 1, 1, '打球'],
  ...:       [0, 0, 1, '不打球'],
  ...:       [1, 1, 1, '打球']
  ...: ]
```

3. 创建数据框

可以看到默认 columns 是 0,1,2,3，他们分别代表了 0:天气因素，1:是否满员，2:是否加班，3:目标变量。

```
In [3]: df = pd.DataFrame(data)
  ...: df
Out[3]:
   0  1  2    3
0  1  0  0   打球
1  1  0  1   打球
2  0  1  1   打球
3  0  0  1  不打球
4  1  1  1   打球
```

4. 创建筛选条件

```
In [4]: selector = df.loc[:,0]==1
  ...: selector
Out[4]:
0    True
1    True
2    False
3    False
4    True
Name: 0, dtype: bool
```

5. 筛选数据

这里筛选的是特征 0 中数值为 1 的实例。

```
df_split = df[selector]
df_split
Out[5]:
   0  1  2   3
0  1  0  0  打球
1  1  0  1  打球
```

4　1　1　1　打球

我们挑选出来了特征 0 中数值为 1 的实例，如表 13.2 所示。

表 13.2　　　　　　　　　　　　特征 0 中数值为 1 的实例

实例	特征			
	0	1	2	3
0	1	0	0	打球
1	1	0	1	打球
2	0	1	1	打球
3	0	0	1	不打球
4	1	1	1	打球

同样的道理，我们可以挑选出特征 0 中数值为 0 的实例，如表 13.3 所示。

表 13.3　　　　　　　　　　　　特征 0 中数值为 0 的实例

实例	特征			
	0	1	2	3
0	1	0	0	打球
1	1	0	1	打球
2	0	1	1	打球
3	0	0	1	不打球
4	1	1	1	打球

13.2.3　计算信息增益

我们将通过信息增益来评价每个特征的重要程度。首先，将 13.2.1 节和 13.2.2 节的代码封装成函数，因为在计算信息增益过程中要反复用到。

1. 导入相关包

```
In [1]: import numpy as np
   ...: import pandas as pd
```

2. 导入相关数据

```
In [2]: data = [
   ...:     [1, 0, 0, '打球'],
   ...:     [1, 0, 1, '打球'],
   ...:     [0, 1, 1, '打球'],
   ...:     [0, 0, 1, '不打球'],
   ...:     [1, 1, 1, '打球']
   ...: ]
```

3. 封装计算熵的函数

```
In [3]: def ent(data):
   ...:        df=pd.DataFrame(data)
   ...:        data_length = len(data)
   ...:        target = df.iloc[:,-1]
   ...:        label_counts = target.value_counts()
   ...:        label_dict = label_counts.to_dict()
   ...:        entropy = 0
   ...:        for key in label_dict:
   ...:            prob = float(label_dict[key])/data_length
   ...:            entropy -= prob * np.log2(prob)
   ...:        return entropy
```

4. 测试计算熵的函数

```
In [4]: ent(data)
Out[4]: 0.7219280948873623
```

5. 封装分割数据的函数

```
In [5]: def split(data,feature_rank):
   ...:        df = pd.DataFrame(data)
   ...:        groups = df.groupby(by=feature_rank)
   ...:        data_group = {}
   ...:        for key in groups.groups.keys():
   ...:            data_group[key] = df.loc[groups.groups[key], :]
   ...:        return data_group
```

6. 测试分割数据的函数

```
In [6]: data_group=split(data,0)
```

7. 查看分割后数据的分类名称

```
In [7]: data_group.keys()
Out[7]: dict_keys([0, 1])
```

8. 查看第 1 个分类

```
In [8]: data_group[0]
Out[8]:
    0  1  2   3
2   0  1  1   打球
3   0  0  1   不打球
```

9. 查看第 2 个分类

```
In [9]: data_group[1]
```

```
Out[9]:
    0  1  2  3
0   1  0  0  打球
1   1  0  1  打球
4   1  1  1  打球
```

10. 初始化原始数据的熵

以上步骤主要是函数的封装，下面正式进入信息增益的计算。

```
In [10]: init_ent = ent(data)
```

11. 选定要计算的特征

这里选用第 1 列特征。

```
In [11]: feature_rank = 0
```

12. 分割数据

```
In [12]: data_group = split(data,feature_rank)
```

13. 初始化将要计算的熵的值

```
In [13]: new_ent = 0
```

14. 计算该特征的信息熵

```
In [14]: for key in data_group:
    ...:     prob = len(data_group[key])/len(data)
    ...:     new_ent += prob*ent(data_group[key])
```

15. 得到信息增益

```
In [15]: info_gain=init_ent-new_ent
    ...: info_gain
Out[15]: 0.3219280948873623
```

接下来，通过实例看一下如何计算特征 0 的信息增益。首先选择表 13.4 中虚线框内的列。

表 13.4　　　　　　　　　　　　选定第 1 列计算其信息增益

实例	特征			
	0	1	2	3
0	1	0	0	打球
1	1	0	1	打球
2	0	1	1	打球
3	0	0	1	不打球
4	1	1	1	打球

根据该列特征所包含的值将原表分割成表 13.5 和表 13.6。

然后分别计算表 13.5 和 13.6 的信息熵，再用二者的熵求整个特征的熵。

表 13.5   表 13.4 中虚线框内特征值全为 1 的分为一个表

实例	特征			
	0	1	2	3
0	1	0	0	打球
1	1	0	1	打球
4	1	1	1	打球

表 13.6   表 13.4 中虚线框内特征值全为 0 的分为一个表

实例	特征			
	0	1	2	3
2	0	1	1	打球
3	0	0	1	不打球

同样的道理，我们还可以计算出其他特征的信息熵，最后的结果如表 13.7 所示。

表 13.7   各个特征的信息增益

特征	得分
0	0.3219
1	0.1709
2	0.0729

根据特征的得分可以看到，特征 0（也就是天气）得分最高，所以我们把它作为第 1 个分支节点，同样的道理可以递归找寻下一层的分支节点。

13.3   决策树方法实战——红酒分类

本节中我们将把决策树应用到红酒分类中，具体的数据请参考 7.5 节。

1. 导入相关模块

这里使用了 datasets 中的 wine 数据集。

```
In [1]: from sklearn import datasets
   ...: from sklearn.model_selection import train_test_split
   ...: from sklearn import tree
```

2. 导入相关数据

```
In [2]: wine = datasets.load_wine()
```

3. 分割为训练集和测试集

这里仍然选用 20% 的数据作为测试集。

```
In [3]: X_train, X_test, y_train, y_test = train_test_split(wine.data, wine.target,
test_size=0.2)
```

4. 创建决策树分类器

```
In [4]: dt = tree.DecisionTreeClassifier()
```

5. 训练模型

```
In [5]: dt = dt.fit(X_train, y_train)
```

6. 模型评分

```
In [6]: dt.score(X_test,y_test)
Out[6]: 0.8888888888888888
```

13.4 随 机 森 林

随机森林是多个决策树的组合，最后的结果是各个决策树结果的综合考量。

1. 导入相关模块

```
In [1]: from sklearn import datasets
   ...: from sklearn.model_selection import train_test_split
   ...: from sklearn.ensemble import RandomForestClassifier
```

2. 导入相关数据

```
In [2]: wine = datasets.load_wine()
```

3. 分割测试集和训练集

```
In [3]: X_train, X_test, y_train, y_test = train_test_split(wine.data, wine.target,
test_size=0.2)
```

4. 创建随机森林分类器对象

```
In [4]: dt = RandomForestClassifier()
```

5. 训练模型

```
In [5]: dt = dt.fit(X_train, y_train)
```

6. 模型评分

```
In [6]: dt.score(X_test,y_test)
Out[6]: 1.0
```

第14章
贝叶斯算法

贝叶斯算法是机器学习中一个重要分支，在较小的数据集中其分类效果非常好，而且它的原理也十分简单，其实我们在日常生活中就一直在应用这个经典的算法。例如，在路上碰到一个人，我们会做一个简单的判断——"这个人是一个学生"，或者"这个人已经参加工作了"。我们是如何得到这个结果的呢？因为学生可能背着一个双肩包，而已经参加工作的人可能提着公文包。换句话说，背着双肩包的人大概率是一个学生，而手提公文包的人则大概率是一个参加工作的人，我们就是通过这个包的特征进行判断的。但是只通过一个特征，还远远不够做出准确的判断，比如背着双肩包的人也可能是参加工作的人。这个时候我们就需要更多的特征进行判断，比如发型、眼镜、手表等。

14.1 贝叶斯算法的基础知识

贝叶斯算法的基础知识主要是概率论，接下来将讲解概率、条件概率和联合概率。例如抛硬币，猜正反面。在不知道结果之前，我们知道下一次硬币为正面和反面的概率都为 1/2。概率论中所有的知识都是从这里开始的。

14.1.1 概率

假设一个箱子里有 3 个白球和 4 个黑球，如图 14.1 所示。随机从这个箱子里取一次球，取得白球的概率是 3/7，而取得黑球的概率是 4/7。

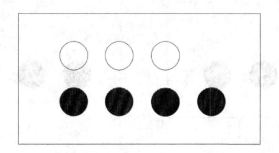

图 14.1　所有的球放在一个箱子里

14.1.2　条件概率

现在，将这些球分成两个箱子，如图 14.2 所示，左边的箱子称为 X 箱，右边的箱子称为 Y
箱。这时我们再来看一下，取黑球白球的概率。

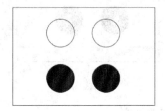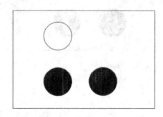

图 14.2　所有的球放在两个箱子里

首先，两个箱子同时取球，如图 14.3 所示，任意取一次球，取得黑球白球的概率仍然是黑球
4/7，白球 3/7。因为这时我们并没有考虑到变为两个箱子所造成的影响。

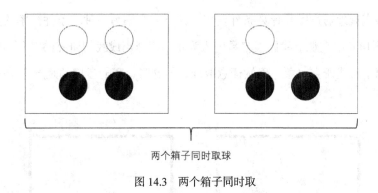

两个箱子同时取球

图 14.3　两个箱子同时取

接下来，限定一个条件，只从 X 箱任意取一次球，取得黑球白球的概率则变为了黑球 1/2，
白球 1/2，如图 14.4 所示。

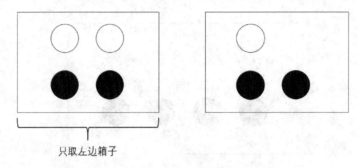

图 14.4　只在 X 箱取球

限定另一个条件，只从 Y 箱任意取一次球，取得黑球白球的概率则变为了黑球 2/3，白球 1/3，如图 14.5 所示。

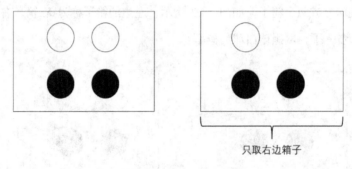

图 14.5　只在 Y 箱取球

经过以上讨论知道，在无条件下（不限定从哪个箱子里取球），取得黑白球的概率分别是 4/7 和 3/7。而在有条件的状态下（只在左边箱子或者只在右边箱子），取得黑白球的概率则发生了变化，这就是条件概率的意义。这里的条件，就是我们限定了箱子。

我们可以很直观地通过图片计算条件概率，接下来介绍另一种求条件概率的方法。让我们继续看图，在图 14.6 中直观上我们很容易先入为主，把球当成我们研究的对象，那么现在转换一下思路，将箱子看成研究对象，仍然任意取球，但这时，我们考虑的是这个球是从 X 箱还是 Y 箱取出的。

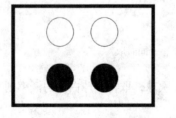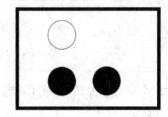

图 14.6　以箱子为研究对象

通过计数，我们可以得出，球从 X 箱取出的概率是 4/7，从 Y 箱取出的概率是 3/7。注意，这个时候并没有区分白球还是黑球。

然后计算，从白球中取球，取一次，分别来自 X 箱和 Y 箱的概率分别是 2/3 和 1/3，如图 14.7 所示。

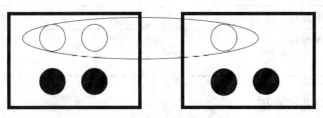

图 14.7　从白球中取球

而从黑球中取球，取一次，分别来自 X 箱和 Y 箱的概率分别是 1/2 和 1/2，如图 14.8 所示。

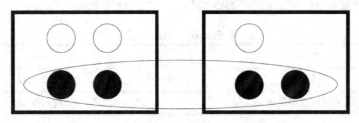

图 14.8　从黑球中取球

至此，我们已将"取球"和"取箱"两个事件的所有可能的条件概率都计算出来，如表 14.1 和表 14.2 所示。

表 14.1　　　　　　　　　　　　　　以取箱为前提条件

事件	取白球	取黑球
无条件	3/7	4/7
在 X 箱中取	1/2	1/2
在 Y 箱中取	2/3	1/3

表 14.2　　　　　　　　　　　　　　以取球为前提条件

事件	X 箱	Y 箱
无条件	4/7	3/7
在白球中取	2/3	1/3
在黑球中取	1/2	1/2

14.1.3　联合概率

联合概率是两个事件共同发生的概率。例如，取的球是白球，且是从 X 箱中取的概率为

$\dfrac{X\text{箱中的白球个数}}{\text{总球数}} = \dfrac{2}{7}$。同样的道理，我们可以计算出其他几种情况的联合概率，如表 14.3 所示。

表 14.3 联合概率

事件	概率
白球且 X 箱	2/7
白球且 Y 箱	1/7
黑球且 X 箱	2/7
黑球且 Y 箱	2/7

14.1.4 贝叶斯定理

接着，我们将目光聚焦到取白球和取 Y 箱上，我们将取得白球定义为事件 A，取 Y 箱定义为事件 B。那么我们就可以得到以下几个概念的公式，如表 14.4 所示。

表 14.4 取白球和 Y 箱的概率

事件	概率
取得白球	$P(A)=3/7$
在 Y 箱中取得白球	$P(A|B)=1/3$
在 Y 箱中取得球	$P(B)=3/7$
在白球中取，在 Y 箱中取得球	$P(B|A)=1/3$
取的球是白球且在 Y 箱中取得	$P(AB)=1/7$

贝叶斯定理为：

$$P(A\,|\,B) = \frac{P(A)P(B\,|\,A)}{P(B)}$$

它要解决的问题就是，已知 $P(A|B)$ 如何求得 $P(B|A)$，或者已知 $P(B|A)$ 如何求得 $P(A|B)$。已知在 Y 箱中取得白球的概率是 $P(A|B)=1/3$，在 Y 箱中取得球的概率 $P(B)=3/7$，取得白球的概率 $P(A)=3/7$，那么已知在白球中取，从 Y 箱中取得的概率是 $P(A\,|\,B) = \dfrac{P(A)P(B\,|\,A)}{P(B)} = \dfrac{3/7 \times 1/3}{3/7}$。

14.2 深入理解贝叶斯算法

贝叶斯算法在机器学习中的应用就是求已知实例具有某个特征的条件下，该实例属于某个类别的概率。

在实际中最主要的应用方向就是文本挖掘，例如，某篇文章具有很多词（特征），就可以根据这些来判定该文章属于哪个类别（积极或消极）。

14.2.1 先验概率和后验概率

先验概率，是指根据以往的经验得到的概率。我们并不知道该样本具有哪些特征，该样本"属于某类"的概率表示为 $P($ "属于某类" $)$。

后验概率，是指根据样本特征分析所得的概率。在已知实例"具有某特征"的条件下，该样本"属于某类"的概率表示为 $P($ "属于某类" / "具有某特征" $)$。

例如，已知有 100 篇文章，这些文章中有积极的和消极的，经过人工分析，我们给每一篇文章打上标签，1 为积极的，0 为消极的。然后，又得到了一篇文章，此时不再需要人工判断，只需要计算该篇文章中词语出现的概率，就可以得到该篇文章的标签。这个过程就是从先验概率到后验概率的过程。

14.2.2 词向量

文本分类的一个重要模型就是词袋模型。词袋模型很像 14.1 节中所讲的箱子模型。但是文本分类相对于普通分类有一个更重要的问题，就是词向量的构建。也就是说，文本中词语就是文本的特征，即词向量。

1. 导入相关包

```
In [1]: import pandas as pd
```

2. 导入相关数据

这里是某家菜馆的评价，是一个二维数组，共有 6 条评价，每条评价已经分词。

```
In [2]: documents = [['菜品', '很', '一般', '不', '建议', '在这', '消费'],
   ...:              ['老板', '很', '闹心', '坑人', '建议', '去', '别家'],
   ...:              ['让人', '惊艳', '东西', '口味', '让人', '感觉', '不错'],
   ...:              ['环境', '不错', '孜然牛柳', '很', '好吃'],
   ...:              ['味道', '真的', '一般般', '环境', '也', '比较', '拥挤'],
   ...:              ['一家', '性价比', '很', '高', '餐厅', '推荐']]
```

3. 对上述评价打上标签

这一步是人工做的。

```
In [3]: classVec = [1,1,0,0,1,0]
```

4. 创建词集合

```
In [4]: words_all = set([])
```

5. 创建词集合

```
In [5]: for document in documents:
   ...:     words_all = words_all | set(document)
```

6. 将词集合转换为列表

```
In [6]: words_all=list(words_all)
```

7. 查看词列表

```
In [7]: words_all
Out[7]:
```

```
['很',
 '好吃',
 '闹心',
 '性价比',
 '菜品',
 '口味',
 '不',
 '感觉',
 '让人',
 '坑人',
 '环境',
 '孜然牛柳',
 '一般般',
 '高',
 '惊艳',
 '消费',
 '不错',
 '餐厅',
 '一般',
 '在这',
 '比较',
 '老板',
 '别家',
 '真的',
 '味道',
 '推荐',
 '去',
 '拥挤',
 '也',
```

'一家',

'东西',

'建议']

8. 查看共有多少个不重复出现的词

```
In [8]: len(words_all)
Out[8]: 32
```

9. 创建空字典

字典用来存放词向量。

```
In [9]: dic = {}
```

10. 选取第一个评论

```
In [10]: document=documents[0]
```

11. 构建词向量

```
In [11]: for word in words_all:
    ...:     if word in document:
    ...:         dic[word] = 1
    ...:     else:
    ...:         dic[word] = 0
```

12. 查看词向量

1 代表出现，0 代表未出现。

```
In [12]: dic
Out[12]:
{'很': 1,
 '好吃': 0,
 '闹心': 0,
 '性价比': 0,
 '菜品': 1,
 '口味': 0,
 '不': 1,
 '感觉': 0,
 '让人': 0,
 '坑人': 0,
 '环境': 0,
 '孜然牛柳': 0,
 '一般般': 0,
 '高': 0,
 '惊艳': 0,
```

```
'消费': 1,
'不错': 0,
'餐厅': 0,
'一般': 1,
'在这': 1,
'比较': 0,
'老板': 0,
'别家': 0,
'真的': 0,
'味道': 0,
'推荐': 0,
'去': 0,
'拥挤': 0,
'也': 0,
'一家': 0,
'东西': 0,
'建议': 1}
```

14.2.3　贝叶斯模型

接下来，开始创建贝叶斯模型，还是以上面的例子进行。

1. 导入相关模块

```
In [1]: import pandas as pd
```

2. 导入相关数据

```
In [2]: documents = [['菜品', '很', '一般', '不', '建议', '在这', '消费'],
   ...:                  ['老板', '很', '闹心', '坑人', '建议', '去', '别家'],
   ...:                  ['让人', '惊艳', '东西', '口味', '让人', '感觉', '不错'],
   ...:                  ['环境', '不错', '孜然牛柳', '很', '好吃'],
   ...:                  ['味道', '真的', '一般', '环境', '也', '比较', '拥挤'],
   ...:                  ['一家', '性价比', '很', '高', '餐厅', '推荐']]
```

3. 导入标签数据

消极数据的标签是 1，积极数据的标签是 0。

```
In [3]: classVec = [1,1,0,0,1,0]
```

4. 创建词数计数方法

```
In [4]: def creat_wordsAll(documents):
   ...:     words_all = set([])
```

```
...:        for document in documents:
...:            words_all = words_all | set(document)
...:        words_all=list(words_all)
...:        return words_all
```

5. 计算出现的词语

```
In [5]: words_all = creat_wordsAll(documents)
```

6. 创建词向量方法

```
In [6]: def creat_wordVec(document,words_all):
...:        dic={}
...:        for word in words_all:
...:            if word in document:
...:                dic[word]=1
...:            else:
...:                dic[word]=0
...:        return dic
```

7. 初始化训练矩阵

```
In [7]: trainMatrix=[]
```

8. 创建训练矩阵

```
In [8]: for document in documents:
...:        trainMatrix.append(creat_wordVec(document,words_all))
```

9. 将词矩阵转换成数据框

```
In [9]: df = pd.DataFrame(trainMatrix)
...: df
Out[9]:
    一家  一般  不  不错  东西  也  别家  去  口味  味道 ...  比较  消费  环境  真的  老板
菜品  让人  闹心  餐厅  高
0   0   1   1   0   0   0   0   0   0   0  ...  0   1   0   0   0   1   0   0   0  0
1   0   0   0   0   0   0   1   1   0   0  ...  0   0   0   0   1   0   0   1   0  0
2   0   0   0   1   1   0   0   0   1   0  ...  0   0   0   0   0   0   1   0   0  0
3   0   0   0   1   0   0   0   0   0   0  ...  0   0   1   0   0   0   0   0   0  0
4   0   1   0   0   0   1   0   0   0   1  ...  1   0   1   1   0   0   0   0   0  0
5   1   0   0   0   0   0   0   0   0   0  ...  0   0   0   0   0   0   0   0   1  1

[6 rows x 31 columns]
```

10. 将标签转换为序列

```
In [10]: se = pd.Series(classVec)
...: se
```

```
Out[10]:
0    1
1    1
2    0
3    0
4    1
5    0
dtype: int64
```

11. 取消极词语的数据

```
In [11]: df_neg = df[se==1]
    ...: df_neg
Out[11]:
    一家 一般 不 不错 东西 也 别家 去 口味 味道 ... 比较 消费 环境 真的 老板
菜品 让人 闹心 餐厅 高
0   0   1   1   0   0   0   0   0   0   0  ...  0   1   0   0   0   1   0   0   0   0
1   0   0   0   0   0   0   1   1   0   0  ...  0   0   0   0   1   0   0   1   0   0
4   0   1   0   0   0   1   0   0   0   1  ...  1   0   1   1   0   0   0   0   0   0

[3 rows x 31 columns]
```

12. 计算消极词语出现的次数

```
In [12]: p_negWordNum = df_neg.sum()
    ...: p_negWordNum
Out[12]:
一家      0
一般      2
不       1
不错      0
东西      0
也       1
别家      1
去       1
口味      0
味道      1
在这      1
坑人      1
好吃      0
孜然牛柳    0
```

建议	2
很	2
性价比	0
惊艳	0
感觉	0
拥挤	1
推荐	0
比较	1
消费	1
环境	1
真的	1
老板	1
菜品	1
让人	0
闹心	1
餐厅	0
高	0

```
dtype: int64
```

13. 计算消极词语的词语总数

```
In [13]: p_negAllNum = p_negWordNum.sum()
    ...: p_negAllNum
Out[13]: 21
```

14. 计算消极词语的条件概率

```
In [14]: p_negVect =p_negWordNum/p_negAllNum
    ...: p_negVect
Out[14]:
```

一家	0.000000
一般	0.095238
不	0.047619
不错	0.000000
东西	0.000000
也	0.047619
别家	0.047619
去	0.047619
口味	0.000000
味道	0.047619
在这	0.047619

```
坑人      0.047619
好吃      0.000000
孜然牛柳    0.000000
建议      0.095238
很       0.095238
性价比     0.000000
惊艳      0.000000
感觉      0.000000
拥挤      0.047619
推荐      0.000000
比较      0.047619
消费      0.047619
环境      0.047619
真的      0.047619
老板      0.047619
菜品      0.047619
让人      0.000000
闹心      0.047619
餐厅      0.000000
高       0.000000
dtype: float64
```

15. 计算消极文档出现的概率

```
In [15]: p_negDoc = len(df_neg)/len(df)
    ...: p_negDoc
Out[15]: 0.5
```

16. 取积极词语的数据

```
In [16]: df_pos = df[se==0]
    ...: df_pos
Out[16]:
    一家 一般 不 不错 东西 也 别家 去 口味 味道 ... 比较 消费 环境 真的 老
板 菜品 让人 闹心 餐厅 高
2    0    0  0   1   1  1   0  0   1   0 ...  0    0    0    0    0    0    1    0    0  0
3    0    0  0   1   0  0   0  0   0   0 ...  0    0    1    0    0    0    0    0    0  0
5    1    0  0   0   0  0   0  0   0   0 ...  0    0    0    0    0    0    0    0    1  1

[3 rows x 31 columns]
```

17. 计算积极词语出现的次数

```
In [17]: p_posWordNum = df_pos.sum()
```

```
   ...: p_posWordNum
Out[17]:
一家       1
一般       0
不        0
不错       2
东西       1
也        0
别家       0
去        0
口味       1
味道       0
在这       0
坑人       0
好吃       1
孜然牛柳     1
建议       0
很        2
性价比      1
惊艳       1
感觉       1
拥挤       0
推荐       1
比较       0
消费       0
环境       1
真的       0
老板       0
菜品       0
让人       1
闹心       0
餐厅       1
高        1
dtype: int64
```

18. 计算积极词语的词语总数

```
In [18]: p_posAllNum = p_posWordNum.sum()
   ...: p_posAllNum
```

```
Out[18]: 17
```

19. 计算积极词语的条件概率

```
In [19]: p_posVect =p_posWordNum/p_posAllNum
   ...: p_posVect
Out[19]:
一家       0.058824
一般       0.000000
不        0.000000
不错       0.117647
东西       0.058824
也        0.000000
别家       0.000000
去        0.000000
口味       0.058824
味道       0.000000
在这       0.000000
坑人       0.000000
好吃       0.058824
孜然牛柳     0.058824
建议       0.000000
很        0.117647
性价比      0.058824
惊艳       0.058824
感觉       0.058824
拥挤       0.000000
推荐       0.058824
比较       0.000000
消费       0.000000
环境       0.058824
真的       0.000000
老板       0.000000
菜品       0.000000
让人       0.058824
闹心       0.000000
餐厅       0.058824
高        0.058824
dtype: float64
```

20. 计算积极文章出现的概率

```
In [20]: p_posDoc = len(df_pos)/len(df)
    ...: p_posDoc
Out[20]: 0.5
```

21. 创建测试文章

```
In [21]: testDoc = ['环境', '很', '不错']
```

22. 查找消极文章词语的条件概率

```
In [22]: p_negCurVect = p_negVect[testDoc]
    ...: p_negCurVect
Out[22]:
环境     0.047619
很       0.095238
不错     0.000000
dtype: float64
```

23. 计算总概率

```
In [23]: p_negFeatCla = p_negCurVect.prod()
    ...: p_negFeatCla
Out[23]: 0.0
```

24. 赋值消极文章概率

```
In [24]: p_negCla = p_negDoc
    ...: p_negCla
Out[24]: 0.5
```

25. 计算该文章属于消极文章的概率

```
In [25]: p_negFinal = p_negFeatCla * p_negCla
    ...: p_negFinal
Out[25]: 0.0
```

26. 计算该文章属于积极文章的条件概率

```
In [26]: p_posFeatCla = p_posVect[testDoc].prod()
    ...: p_posFeatCla
Out[26]: 0.0008141664970486464
```

27. 计算积极文章出现的概率

```
In [27]: p_posCla = (1-p_negDoc)
    ...: p_posCla
Out[27]: 0.5
```

28. 计算该文章属于积极文章的概率

```
In [28]: p_posFinal = p_posFeatCla * p_posCla
   ...: p_posFinal
Out[28]: 0.00040708324852432332
```

可以看到，该篇文章属于积极文章的概率要大于属于消极文章的概率，所以该篇文章属于积极文章。

14.3 贝叶斯算法实战——文本分类

文本挖掘是机器学习的一个重要应用，本节我们将使用 Scikit 中的相关模块对文本内容进行分类，即情感分析。

1. 导入相关模块

本节的应用中不需要导入其他数据集，数据集将在之后手动输入。

```
In [1]: from sklearn.naive_bayes import GaussianNB
   ...: import pandas as pd
```

2. 导入相关数据

为了计算简便，对这次的数据稍做了修改，请留意。

```
In [2]: documents = [
   ...:        ['菜品', '很', '一般', '不', '建议', '在这', '消费'],
   ...:        ['老板', '很', '闹心', '坑人', '建议', '去', '别家'],
   ...:        ['让人', '惊艳', '东西', '口味', '让人', '感觉', '不错'],
   ...:        ['环境', '不错', '孜然牛柳', '很', '好吃'],
   ...:        ['味道', '真的', '一般', '环境', '也', '比较', '拥挤'],
   ...:        ['一家', '性价比', '很', '高', '餐厅', '推荐'],
   ...:        ['环境', '很', '不错']
   ...: ]
```

3. 导入标签数据

```
In [3]: classVec = [1,1,0,0,1,0,0]
```

4. 创建词语计数

```
In [4]: def creat_wordsAll(documents):
   ...:        words_all = set([])
   ...:        for document in documents:
   ...:             words_all = words_all | set(document)
```

```
...:       words_all=list(words_all)
...:       return words_all
```

5. 创建词语列表

```
In [5]: words_all = creat_wordsAll(documents)
```

6. 创建词向量方法

```
In [6]: def creat_wordVec(document,words_all):
...:       dic={}
...:       for word in words_all:
...:           if word in document:
...:               dic[word]=1
...:           else:
...:               dic[word]=0
...:       return dic
```

7. 创建词矩阵

```
In [7]: trainMatrix=[]
```

8. 填充词矩阵

```
In [8]: for document in documents:
...:       trainMatrix.append(creat_wordVec(document,words_all))
```

9. 将词矩阵转换为数据框

```
In [9]: df = pd.DataFrame(trainMatrix)
```

10. 创建训练集

```
In [10]: X_train = df.iloc[:-1,:]
...: X_train
Out[10]:
```

	一家	一般	不	不错	东西	也	别家	去	口味	味道	...	比较	消费	环境	真的	老板	菜品	让人	闹心	餐厅	高
0	0	1	1	0	0	0	0	0	0	0	...	0	1	0	0	0	1	0	0	0	0
1	0	0	0	0	0	0	0	1	1	0	0	...	0	0	0	0	1	0	0	1	0	0
2	0	0	0	1	1	0	0	0	1	0	...	0	0	0	0	0	1	0	0	0	0
3	0	0	0	1	0	0	0	0	0	0	...	0	0	1	0	0	0	0	0	0	0
4	0	1	0	0	0	0	1	0	0	0	1	...	1	0	1	1	0	0	0	0	0	0
5	1	0	0	0	0	0	0	0	0	0	0	...	0	0	0	0	0	0	0	0	1	1

```
[6 rows x 31 columns]
```

11. 创建测试集

```
In [11]: X_test = df.iloc[-1:,:]
```

```
    ...: X_test
Out[11]:
     一家  一般  不  不错  东西  也  别家  去  口味  味道 ...  比较  消费  环境  真的  老板
菜品  让人  闹心  餐厅  高
6   0   0   0   1   0  0   0   0   0  0 ...  0   0   1   0   0   0  0   0   0   0
s x 31 columns]
```

12. 将标签列表转换为序列

```
In [12]: se = pd.Series(classVec)
```

13. 创建训练集

```
In [13]: y_train = se[:-1]
    ...: y_train
Out[13]:
0    1
1    1
2    0
3    0
4    1
5    0
dtype: int64
```

14. 创建测试集

```
In [14]: y_test = se[-1:]
    ...: y_test
Out[14]:
6    0
dtype: int64
```

15. 创建贝叶斯分类器模型对象

```
In [15]: gnb = GaussianNB()
```

16. 训练模型

```
In [16]: y_pred = gnb.fit(X_train, y_train)
```

17. 预测

预测正确。

```
In [17]: y_pred.predict(X_test)
Out[17]: array([0], dtype=int64)
```

第15章
支持向量机

支持向量机（Support Vector Machine，SVM）的目标是找到一个超平面对数据进行分割，超平面的间隔必须是最大化的，最终经过变换，可以等价转换为约束条件下求最优解。

15.1　支持向量机的基础知识

本节将介绍一些支持向量机的基础知识。

15.1.1　向量

向量在数学中被称为具有长度和方向的对象，如图 15.1 所示。

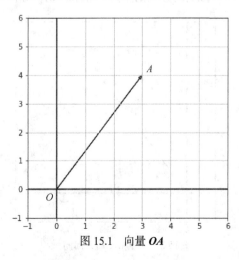

图 15.1　向量 **OA**

在图 15.1 的坐标系中，原点(0,0)记为 O。有一点 A，其坐标是(3,4)。那么就可以将此向量 OA 记为：

$$OA=(3,4)$$

很多时候我们并不关注一个向量的起点和终点，所以也会将 OA 记为 a：

$$a=(3,4)$$

一个向量包含了长度和方向两个信息，首先，研究向量的长度。

将向量的长度记为即 $|x|$，在数学中我们称这个长度为向量的范数（Norm）。根据几何中直角三角形的知识，可以计算此向量的长度为：

$$\left|OA\right|^2 = 3^3 + 4^2$$

计算之后可得：

$$\left|OA\right| = 5$$

也称这种计算长度的方法为欧几里得距离（Euclidean）。

Python 中提供了计算这种距离的方法。

```
In [1]: import numpy as np   # 导入相关模块
In [2]: x = [3,4]   # 导入相关数据
In [3]: np.linalg.norm(x)   # 求范数
Out[3]: 5.0
```

已经知道了如何计算一个向量的长度，接下来，继续研究向量的另一个重要的属性——方向。

有向量 $u = (u_1, u_2)$，那么它的方向向量就可以表示为：

$$w = \left(\frac{u_1}{|u|}, \frac{u_2}{|u|}\right)$$

通过计算可以得到向量 OA=(3,4)的方向向量是 w=(0.6,0.8)，如图 15.2 所示。

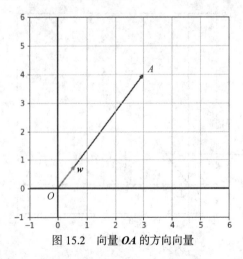

图 15.2　向量 OA 的方向向量

方向向量还可以通过角度来表示，如图 15.3 所示。

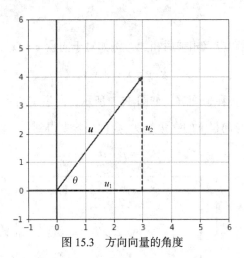

图 15.3 方向向量的角度

通过三角函数知识我们可以得出：

$$\cos\theta = \frac{u_1}{|\boldsymbol{u}|}$$

$$\cos\theta = \frac{u_2}{|\boldsymbol{u}|}$$

所以方向向量就可以表示为：

$$\boldsymbol{w} = \left(\frac{u_1}{|\boldsymbol{u}|}, \frac{u_2}{|\boldsymbol{u}|}\right) = (\cos\theta, \sin\theta)$$

如果两个向量相同，那么它们的方向向量 $\boldsymbol{w}$ 也相同，如图 15.4 所示。

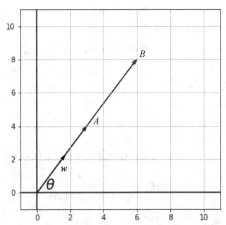

图 15.4 两个方向相同的向量，它们的方向向量也相同

15.1.2 点积

我们定义向量的乘积是对应点相乘后相加，例如对于向量 $\boldsymbol{x} = (x_1, x_2)$, $\boldsymbol{y} = (y_1, y_2)$ 有

$$\boldsymbol{x} \cdot \boldsymbol{y} = x_1 y_1 + x_2 y_2$$

这个定义可以通过几何解释来理解，如图 15.5 所示，向量 $\boldsymbol{x}$ 与水平轴的夹角是 α，向量 $\boldsymbol{y}$ 与水平轴的夹角是 β，向量 $\boldsymbol{x}$ 与向量 $\boldsymbol{y}$ 的夹角是 θ，我们很容易得到：

$$\theta = \beta - \alpha$$

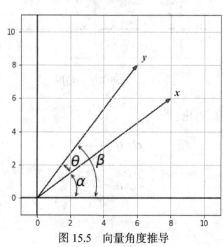

图 15.5　向量角度推导

此外，还可以得到：

$$\cos(\alpha) = \frac{x_1}{|\boldsymbol{x}|}$$

$$\sin(\alpha) = \frac{x_2}{|\boldsymbol{x}|}$$

$$\cos(\beta) = \frac{y_1}{|\boldsymbol{y}|}$$

$$\sin(\beta) = \frac{y_2}{|\boldsymbol{y}|}$$

根据余弦定义有：

$$\cos(\beta - \alpha) = \cos(\beta)\cos(\alpha) + \sin(\beta)\sin(\alpha)$$

$$\cos(\theta) = \frac{x_1}{|\boldsymbol{x}|}\frac{y_1}{|\boldsymbol{y}|} + \frac{x_2}{|\boldsymbol{x}|}\frac{y_2}{|\boldsymbol{y}|}$$

这个等式可以写成：

$$\cos(\theta) = \frac{x_1 y_1 + x_2 y_2}{|\boldsymbol{x}||\boldsymbol{y}|}$$

而我们已经知道：

$$|\boldsymbol{x}||\boldsymbol{y}|\cos(\theta) = \boldsymbol{x} \cdot \boldsymbol{y}$$

代入后可以得到：

$$\boldsymbol{x} \cdot \boldsymbol{y} = x_1 y_1 + x_2 y_2$$

15.1.3　投影

现在有两个向量 $\boldsymbol{x}$ 和 $\boldsymbol{y}$，如图 15.6 所示。

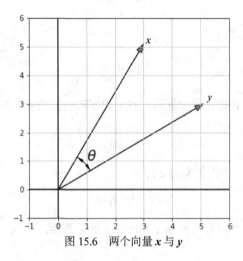

图 15.6　两个向量 $\boldsymbol{x}$ 与 $\boldsymbol{y}$

我们现在要求 $\boldsymbol{x}$ 向量在 $\boldsymbol{y}$ 向量上的投影 $\boldsymbol{z}$ 向量，如图 15.7 所示。

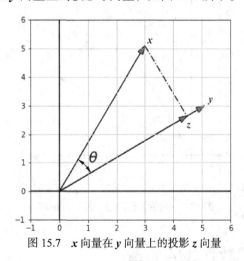

图 15.7　$\boldsymbol{x}$ 向量在 $\boldsymbol{y}$ 向量上的投影 $\boldsymbol{z}$ 向量

已经知道：

$$|\boldsymbol{z}| = |\boldsymbol{x}|\cos(\theta)$$

$$\cos(\theta) = \frac{\boldsymbol{x} \cdot \boldsymbol{y}}{|\boldsymbol{x}||\boldsymbol{y}|}$$

将 $\cos(\theta)$ 代入可得：

$$\frac{|z|}{|x|} = \frac{x \cdot y}{|x||y|}$$

$$|z| = \frac{x \cdot y}{|y|}$$

而我们又知道，y 向量的方向向量 u 为：

$$u = \frac{y}{|y|}$$

代入可得：

$$|z| = u \cdot x$$

同样的，我们知道 z 向量的方向向量和 y 向量的方向向量相同，都是 u，所以：

$$u = \frac{z}{|z|}$$

代入可得，x 向量在 y 向量上的投影向量 z 为：

$$z = (u \cdot x)u$$

得到投影向量之后，也可以求得向量 x 到向量 y 的垂直距离为 $|x-z|$，如图 15.8 所示。

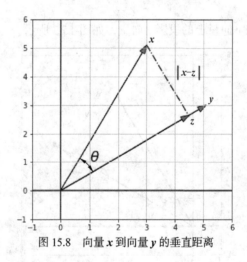

图 15.8　向量 x 到向量 y 的垂直距离

15.1.4　向量与代数直线的关系

我们在大学之前接触到的直线基本上都是用

$$y = ax + b$$

来表示，当然它也可以转换成：

$$-b - ax + y = 0$$

因为我们已经学习过点积，所以可以将这个公式看成 $\boldsymbol{w} = (-b, -a, 1)$ 与 $\boldsymbol{x} = (1, x, y)$ 相乘的

形式：

$$\boldsymbol{w}^{\mathrm{T}}\boldsymbol{x} = -b \times 1 + (-a) \times x + 1 \times y$$

$$\boldsymbol{w}^{\mathrm{T}}\boldsymbol{x} = y - ax - b$$

前者是从代数的角度解释直线，后者是从向量的角度解释直线。从向量的角度解释直线有下

面两个好处。

- 很容易向多维空间拓展。
- $\boldsymbol{w}$ 垂直于直线，很容易进行计算。

如图 15.9 所示，假设在二维平面中有一条直线：

$$x_1 = -x_2$$

我们可以将其写为：

$$\boldsymbol{w}^{\mathrm{T}}\boldsymbol{x} = 0$$

其中：

$$\boldsymbol{w} = (1, 1)$$
$$\boldsymbol{x} = (x_1, x_2)$$

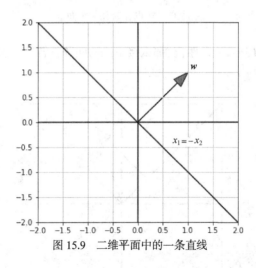

图 15.9　二维平面中的一条直线

另外有一点 A，现在我们要求该点 $A(0.5, 1.5)$ 到直线的距离，如图 15.10 所示。

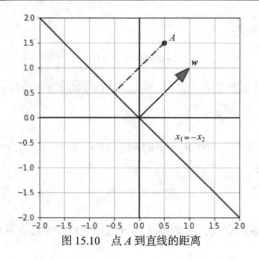

图 15.10　点 A 到直线的距离

可以将点 A 看成一个向量，如图 15.11 所示。

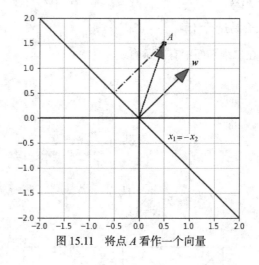

图 15.11　将点 A 看作一个向量

向量 p 的长度就是点 A 到直线的距离，那么接下来的问题就转变为求向量 p 的长度，如图 15.12 所示。

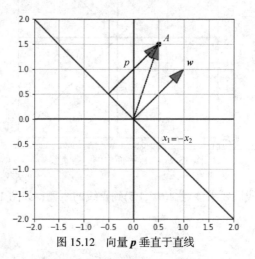

图 15.12　向量 p 垂直于直线

根据以上公式推导可以求得：

$$p = (u \cdot a)u$$

而向量 u 的计算公式为：

$$u = \frac{w}{|w|}$$

15.2 深入理解支持向量机

支持向量机的目标是找到最大化训练集边界距离的超平面。

15.2.1 超平面

超平面（Hyperplane）是比原始空间低一维的空间。比如在一维空间中，超平面是一个点，如图 15.13 所示。

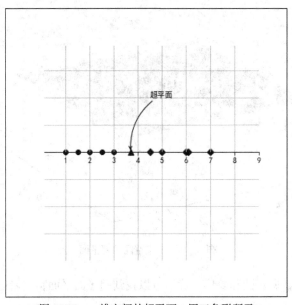

图 15.13 一维空间的超平面，用三角形所示

图 15.13 中有两类数据：圆和菱形，我们可以找到超平面三角形所在的点。

同样的道理，在二维平面中，超平面是一条直线，如图 15.14 所示。

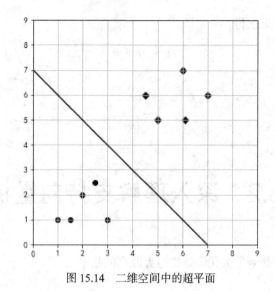

图 15.14 二维空间中的超平面

图 15.14 中有两类数据：圆和菱形，我们可以找到超平面直线将二者区分开来。

同样的道理，在三维平面中，超平面是一个平面，如图 15.15 所示。

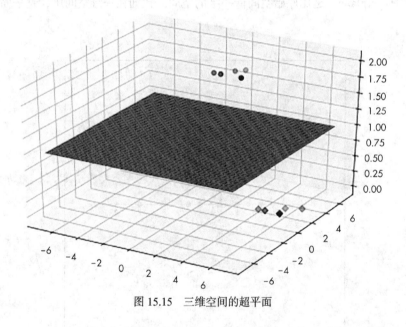

图 15.15 三维空间的超平面

图 15.15 中有两类数据：圆和菱形，我们可以找到超平面平面将二者区分开来。

同样地，我们还可以将更高维度空间的超平面类比出来，比如四维空间的超平面是一个三维
空间。

15.2.2 支持向量机在二维空间的超平面

在二维空间中，我们可以找到无数条直线（超平面）将两类数据区分开，如图 15.16 所示，

但哪一条直线是最优的直线呢？

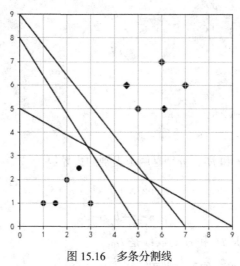

图 15.16　多条分割线

最优的直线是其到两个类别的边界最大的直线，如图 15.17 所示。15.2.3 节将对最优直线做详细讲解。

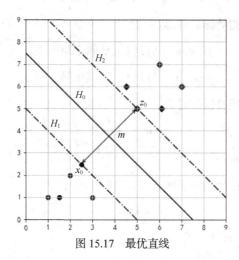

图 15.17　最优直线

15.2.3　计算最优超平面

假设我们有以下数据集：

```
In [1]: import numpy as np
In [2]: np.array([[1,1.5,2,3,2.5,5,4.5,6,6.1,7],[1,1,2,1,2.5,5,6,7,5,6],[1,1,1,1,
1,-1,-1,-1,-1,-1]]).T
Out[2]:
array([[ 1. ,  1. ,  1. ],
       [ 1.5,  1. ,  1. ],
```

```
           [ 2. ,   2. ,   1. ],
           [ 3. ,   1. ,   1. ],
           [ 2.5,  2.5,   1. ],
           [ 5. ,   5. ,  -1. ],
           [ 4.5,   6. ,  -1. ],
           [ 6. ,   7. ,  -1. ],
           [ 6.1,   5. ,  -1. ],
           [ 7. ,   6. ,  -1. ]])
```

可以选择两个超平面 H_1 和 H_2，分别是两个类别的边界：

$$w \cdot x + b = 1$$

$$w \cdot x + b = -1$$

如图 15.17 所示，虚线是 H_1 和 H_2，实线是 H_0。

对于每一个实例，都会得到如下的方程：

$$w \cdot x_i + b \geqslant 1 \quad x_i \text{ 属于第一类}$$

$$w \cdot x_i + b \leqslant -1 \quad x_i \text{ 属于第二类}$$

将上述方程两边同时乘以它们的标签可得：

$$y_i(w \cdot x_i + b) \geqslant 1 \quad x_i \text{ 属于第一类}$$

$$y_i(w \cdot x_i + b) \geqslant 1 \quad x_i \text{ 属于第二类}$$

我们惊喜地发现，现在的方程可以简写为：

$$y_i(w \cdot x_i + b) \geqslant 1$$

现在需要找到最大化边界值 m。

由本章的基础知识我们已经知道直线 H_1 的垂线是 w，因为：

$$H_1 = w \cdot x + b = 1$$

进而我们可以得到 H_1 的方向向量：

$$u = \frac{w}{|w|}$$

令 $k = mu$，则：

$$k = mu = \frac{w}{|w|}$$

假设 z_0 在直线 H_2 上，所以：

$$w \cdot z_0 + b = 1$$

而我们又知道 $z_0 = x_0 + k$，所以可得：

$$w \cdot (x_0 + k) + b = 1$$

代入 k 可得：

$$w \cdot \left(x_0 + m\frac{w}{|w|} \right) + b = 1$$

化简之后可得：

$$w \cdot x_0 + b = 1 - m|w|$$

因为：

$$w \cdot x_0 + b = -1$$

所以：

$$-1 = 1 - m|w|$$

继续化简可得：

$$m = \frac{2}{|w|}$$

所以求最优直线的问题就变成了在 $y_i(w \cdot x_i + b) \geqslant 1$ 的条件下求 $|w|$ 的最小值（当 $|w|$ 最小时 m 最大）。

接下来使用拉格朗日乘子法求解 $y_i(w \cdot x_i + b) \geqslant 1$ 的最优解即可。

15.3　支持向量机实战——鸢尾花分类

我们将支持向量机应用在 iris 鸢尾花数据集上。

1. 导入相关模块

选用 iris 数据集来演示。

```
In [1]: from sklearn import svm
   ...: from sklearn.datasets import load_iris
   ...: from sklearn.model_selection import train_test_split
```

2. 导入数据集

```
In [2]: iris = load_iris()
```

3. 取自变量数据

```
In [3]: X = iris['data']
```

4. 取目标变量数据

```
In [4]: y = iris['target']   # 获取因变量数据
```

5. 分割测试集和训练集

这里我们把 20%的数据作为测试集。

```
In [5]: X_train, X_test, y_train, y_test = train_test_split(X, y, test_size=0.2)
# 分割训练集和测试集
```

6. 创建支持向量机模型

```
In [6]: clf = svm.SVC()
```

7. 训练模型

```
In [7]: clf = clf.fit(X_train, y_train)   # 训练模型
```

8. 模型评分

```
In [8]: clf.score(X_test,y_test)   # 模型评分
Out[8]: 0.9666666666666667
```

9. 查看支持向量

```
In [9]: clf.support_vectors_   # 查看支持向量
Out[9]:
array([[4.3, 3. , 1.1, 0.1],
       [4.4, 2.9, 1.4, 0.2],
       [5.7, 4.4, 1.5, 0.4],
       [4.8, 3.4, 1.9, 0.2],
       [5.1, 3.3, 1.7, 0.5],
       [6.1, 3. , 4.6, 1.4],
       [7. , 3.2, 4.7, 1.4],
       [5.4, 3. , 4.5, 1.5],
       [4.9, 2.4, 3.3, 1. ],
       [5.9, 3.2, 4.8, 1.8],
       [5.7, 2.8, 4.5, 1.3],
       [6.3, 2.3, 4.4, 1.3],
       [5. , 2. , 3.5, 1. ],
       [6.7, 3. , 5. , 1.7],
       [6.7, 3.1, 4.7, 1.5],
       [6.3, 3.3, 4.7, 1.6],
       [5.1, 2.5, 3. , 1.1],
       [6.8, 2.8, 4.8, 1.4],
       [6. , 3.4, 4.5, 1.6],
       [6.3, 2.5, 4.9, 1.5],
```

```
       [6.1, 2.9, 4.7, 1.4],
       [6.1, 2.8, 4.7, 1.2],
       [5.6, 3. , 4.5, 1.5],
       [6.5, 3. , 5.2, 2. ],
       [5.6, 2.8, 4.9, 2. ],
       [7.7, 2.6, 6.9, 2.3],
       [5.9, 3. , 5.1, 1.8],
       [6.3, 3.3, 6. , 2.5],
       [6. , 3. , 4.8, 1.8],
       [6.9, 3.1, 5.1, 2.3],
       [6.1, 2.6, 5.6, 1.4],
       [6.5, 3.2, 5.1, 2. ],
       [4.9, 2.5, 4.5, 1.7],
       [6.1, 3. , 4.9, 1.8],
       [6. , 2.2, 5. , 1.5],
       [7.9, 3.8, 6.4, 2. ],
       [6.3, 2.8, 5.1, 1.5],
       [6.2, 2.8, 4.8, 1.8],
       [6.3, 2.7, 4.9, 1.8]])
```

第16章
PCA 降维算法

在机器学习的过程中，我们有可能会遇到很复杂的数据。复杂数据会增加计算资源的消耗，很可能计算一个算法需要持续几天，甚至几周，时间成本会非常大。另外，如果数据的维度过高，还会造成训练模型过度拟合，使得算法模型的泛化能力大大降低。

所以，需要降低数据的复杂性，这样做有以下几点好处。

- 减少了算法训练过程中的存储量和计算时间，同时也降低了检验时推理算法的复杂度。

- 将高维的数据降低为低维的数据。用低维度的特征解释数据时，我们会对数据背后的本质有更好的认识，以方便提取知识。

- 将数据降到低维，方便作图，将数据可视化，进一步挖掘数据的规律。

16.1 PCA 降维算法的核心知识

在第 11 章中，我们介绍了线性判别算法，如果用高等数学的知识来解释这就是降维，通过线性变换将高维空间的数据降到低维空间。PCA 降维算法也是一样，不过具体的过程有所区别。本章中我们将会用一些高级的知识来讲述 PCA 降维算法是如何实现的。

16.1.1 矩阵的直观理解

已知坐标系中有一点(2,2)，如图 16.1 所示。

矩阵[(2,0),(0,1)]的作用是将点(2,2)，水平向右移动 2 个单位到(4,2)。而这个移动则是横坐标轴被拉伸为原来的 2 倍的结果。可以将矩阵[(2,0),(0,1)]理解为在横坐标轴方向，以原点为中心，左右施力，将横坐标轴拉伸为原来的 2 倍，如图 16.2 所示。

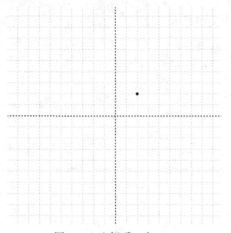

图 16.1　坐标系一点(2,2)

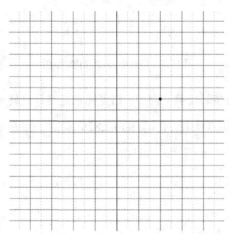

图 16.2　矩阵[(2,0),(0,1)]的作用

同样的道理，矩阵[(1,0),(0,2)]则把坐标系纵坐标轴拉伸为原来的 2 倍，点(2,2)移动到了(2,4)，如图 16.3 所示。

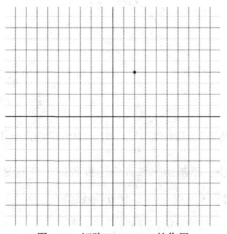

图 16.3　矩阵[(1,0),(0,2)]的作用

而矩阵[(2,0),(0,2)]则起到了综合以上两种效果的作用，将点(2,2)移动到了(4,4)。横纵坐标同时被拉伸为原来的2倍，如图16.4所示。

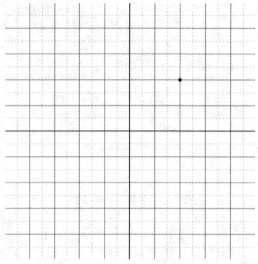

图 16.4　矩阵[(2,0),(0,2)]的作用

除了伸缩变换之外，还有旋转变换。例如，将坐标轴逆时针旋转45度，也就是说可以用矩阵[(0.707,−0.707),(0.707,0.707)]将点从((2,2)移动到(0,2.828),如图16.5所示。

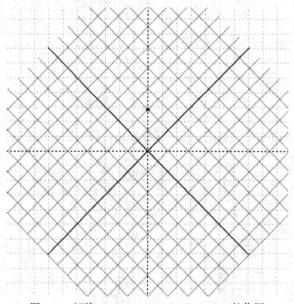

图 16.5　矩阵[(0.707,−0.707),(0.707,0.707)]的作用

最后一种变换是剪切变换，指横坐标轴和纵坐标轴两个方向变化不一致的情况。经过矩阵[(1,1),(0,2)]变化，点(2,2)移动到了(4,4)，如图16.6所示。

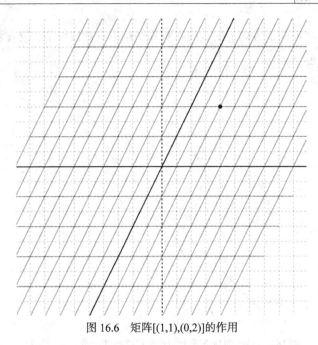

图 16.6　矩阵[(1,1),(0,2)]的作用

16.1.2　特征向量的本质

特征向量的本质是矩阵作用后，在坐标系中只被拉伸没有偏移的直线。你可能已经注意到了，在图 16.6 中，矩阵[(1,1),(0,2)]作用后，纵坐标轴向右偏移了，而横坐标轴则没有发生偏移。因此，横坐标轴就是矩阵[(1,1),(0,2)]的一个特征向量，而该坐标系在[(1,1),(0,2)]作用下还有一条直线没有发生偏移。他就是矩阵[(1,1),(0,2)]的另一个特征向量。

矩阵[(1,1),(0,2)]的特征向量是(0.7071,0.7071)和(−1,0)，如图 16.7 所示。

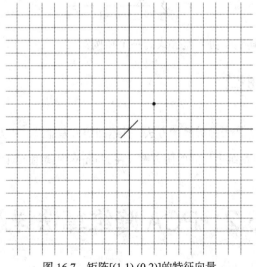

图 16.7　矩阵[(1,1),(0,2)]的特征向量

如图 16.8 所示，特征向量方向上的直线在矩阵变化中只被拉伸了，没有发生偏移而坐标系中其他方向的直线都发生了偏移。

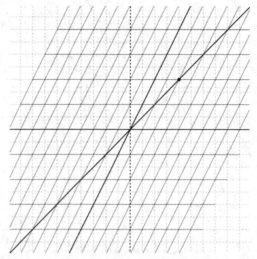

图 16.8　特征向量方向上的直线只被拉伸，没有发生偏移

16.1.3　协方差

方差描述一组数据的离散程度，而协方差则描述两组数据变化的趋势是否相同。协方差计算公式为：

$$s^2 = \sum_{i=1}^{n} \frac{(x_i - u_x)(y_i - u_y)}{n-1}$$

回想一下方差的公式为：

$$s^2 = \sum_{i=1}^{n} \frac{(x_i - u_x)(x_i - u_x)}{n-1}$$

是否可以看出方差的公式其实是协方差公式的一个特例？

16.1.4　协方差矩阵

在 Numpy 中已经实现了协方差计算的方法，并返回协方差矩阵。协方差矩阵的主对角线上是各个维度的方差，斜对角线上是维度之间的协方差。在 Numpy 中调用 cov() 方法即可实现协方差计算。

16.2　PCA 降维算法详解

在 16.1 节中，我们探讨了矩阵的作用，本节我们来看看矩阵是如何实现 PCA 降维算法的。

假设坐标系中有点$(3,1),(1,1),(1,0),(0,0),(-1,0),(0,-1),(-3,-1)$，如图 16.9 所示。现在需要找到一条直线，使得这些点在这条直线上的投影间距最大（即方差最大）。

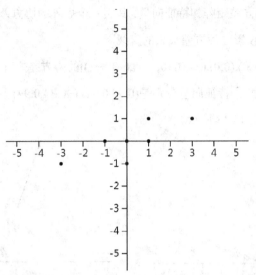

图 16.9　点$(3,1),(1,1),(1,0),(0,0),(-1,0),(0,-1),(-3,-1)$

先看两个简单的情况，将它们分别投影到 x 轴和 y 轴，如图 16.10 与图 16.11 所示。可以很容易看到，投影到 x 轴的方差明显大于投影到 y 轴上的方差。

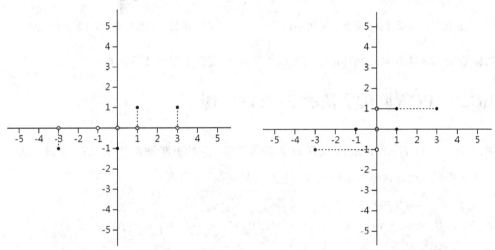

图 16.10　将点全部投影到 x 轴　　　　图 16.11　将点全部投影到 y 轴

但 x 轴并不是投影之后方差最大的直线，y 轴也不是投影之后方差最小的直线。如何找到投影之后方差最大和方差最小的两条直线呢?

16.2.1　协方差矩阵的特征向量

在第 11 章讲述线性判别算法的时候，我们是用代数的方法来计算得到投影之后方差最小的直线的，也可以以相同的方法来计算投影之后方差最大的直线。本章我们将使用更简单的方法来求方差最大和方差最小的投影直线。

在 16.1 节中讲到了协方差矩阵和特征向量，其实一个矩阵的协方差矩阵的特征向量所在的直线，就是这个矩阵所有点投影之后方差最大的直线。

求得矩阵[(3,1),(1,1),(1,0),(0,0),(-1,0),(0, -1),(-3, -1)]的协方差矩阵为[(3.5,1.17),(1.17,0.67)]，进而求得此协方差矩阵的两个特征向量分别是(0.94,0.34),(-0.34,0.94)。将原矩阵的点投影到这两条直线上，如图 16.12 和图 16.13 所示。

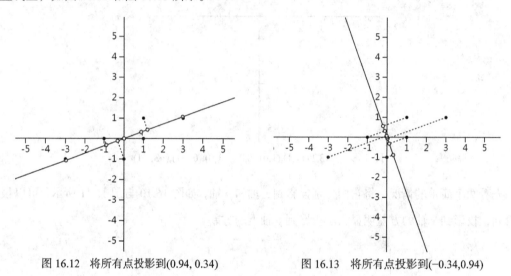

图 16.12　将所有点投影到(0.94, 0.34)　　　图 16.13　将所有点投影到(-0.34,0.94)

可以看到，向量(0.94,0.34)和(-0.34,0.94)所在的直线就是我们找寻的直线。

16.2.2　PCA 降维算法的 Python 实现

可以通过 Python 中的 Numpy 实现 PCA 降维算法。它的思路是先求得协方差矩阵，然后求协方差矩阵的特征向量，这样就可以找到方差最大的直线了。

```
In [1]: import numpy as np
In [2]: data=np.array([[3,1],[1,1],[1,0],[0,0],[-1,0],[0,-1],[-3,-1]])
    ...: data
Out[2]:
array([[ 3,  1],
       [ 1,  1],
       [ 1,  0],
       [ 0,  0],
       [-1,  0],
       [ 0, -1],
```

```
                  [-3, -1]])
In [3]: data_T=data.T
   ...: data_T
Out[3]:
array([[ 3,  1,  1,  0, -1,  0, -3],
       [ 1,  1,  0,  0,  0, -1, -1]])
In [4]: cov_matrix = np.cov(data_T)
   ...: cov_matrix
Out[4]:
array([[ 3.47619048,  1.16666667],
       [ 1.16666667,  0.66666667]])
In [5]: eig_vector = np.linalg.eig(cov_matrix)
   ...: eig_vector
Out[5]:
(array([ 3.8974809 ,  0.24537624]), array([[ 0.94055541, -0.33964028],
       [ 0.33964028,  0.94055541]]))
```

16.3　PCA 降维算法实战——iris 数据集可视化

iris 鸢尾花数据集共有 4 个维度，所以无法使用可视化将所有维度都展示出来。但可以通过降维的方式将 4 个维度降低到两个维度，这样就可以将它们可视化地展示出来了。

1. 导入本项目所需要的模块

```
In [1]: import matplotlib.pyplot as plt
   ...: from sklearn.datasets import load_iris
   ...: from sklearn.decomposition import PCA
```

2. 获得鸢尾花数据集

```
In [2]: iris = load_iris()
```

3. 将自变量赋值给 X，将目标变量赋值给 y

```
In [3]: X = iris.data
   ...: y = iris.target
```

4. 设置降维之后的维度

```
In [4]: n_dim = 2
```

5. 创建 PCA 降维模型

```
In [5]: pca = PCA(n_components=n_dim)
```

6. 对数据集进行降维

```
In [6]: X_pca = pca.fit_transform(X)
```

7. 设置每个种类花的颜色

```
In [7]: colors = ['0.2', '0.5', '0.8']
```

8. 设置画板的大小

```
In [8]: plt.figure(figsize=(8, 8))
Out[8]: <matplotlib.figure.Figure at 0x232db76e160><matplotlib.figure.Figure at 0x232db76e160>
```

9. 作图

结果如图 16.14 所示。

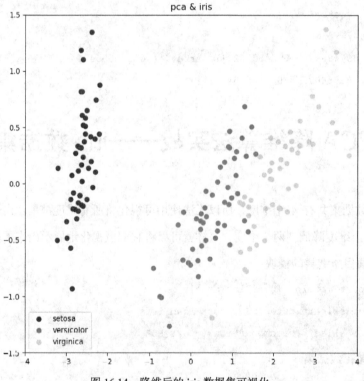

图 16.14　降维后的 iris 数据集可视化

```
In [9]: for color, i, target_name in zip(colors, [0, 1, 2], iris.target_names):
   ...:        plt.scatter(X_pca[y == i, 0], X_pca[y == i, 1], color=color, label=
target_name)
   ...:
   ...: plt.title('pca & iris')
   ...: plt.legend()
   ...: plt.axis([-4, 4, -1.5, 1.5])
```

第17章

SVD 奇异值分解

SVD（Singular Value Decomposition）奇异值分解是一个强有力的降维工具，它经常被用在图像处理和推荐系统中，可以将 SVD 奇异值分解看成是 PCA 降维的加强版。PCA 降维是压缩了特征的维度，而 SVD 奇异值分解不仅压缩了特征的维度，而且压缩了样本的维度。

17.1 SVD 奇异值分解的相关知识

SVD 奇异值分解的计算可以在 Numpy 中直接调用函数实现。这里需要了解的相关知识并不是其推导过程，而是对其结果的理解。因为 SVD 奇异值分解会得到 3 个矩阵，如何理解这 3 个矩阵才是重点，在这个过程中需掌握矩阵的乘法。

矩阵的乘法中我们比较熟悉的是矩阵的点乘，但这只是数值上的运算，并不利于对矩阵的理解，本节中我们会介绍另外两种矩阵乘法。首先，还是让我们复习一下点乘的知识。

假设有矩阵 A 和矩阵 B，矩阵 A 有 m 行和 n 列，矩阵 B 有 n 行和 p 列，那么它们相乘就可以得到一个矩阵 C。

$$A_{m \times n} B_{n \times p} = C_{m \times p}$$

点乘就是两个矩阵对应行列相乘相加，公式如下：

$$c_{ij} = A_i \times B_j = a_{i1}b_{1j} + a_{i2}b_{2j} + \cdots = \sum_{k=1}^{n} a_{ik}b_{kj}$$

矩阵右乘可以看作是列向量的线性组合。C 中的各列是 A 乘以 B 中各个向量，等价于 A 中列的线性组合（这个组合对应 C 中的某一列）；B 中的数字告诉我们这是怎样的线性组合，如图 17.1 所示。

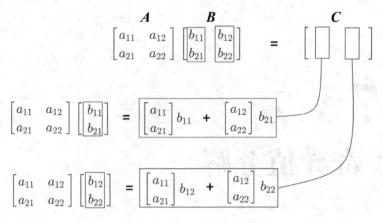

图 17.1　矩阵右乘的理解

　　矩阵左乘可以看作是行向量的线性组合。**C** 中的各行是 **B** 乘以 **A** 中各行,也就是等价于 **B** 中行的线性组合（这个组合对应 **C** 中的某一行）；**A** 中的数字相当于告诉我们这是怎样的线性组合,如图 17.2 所示。

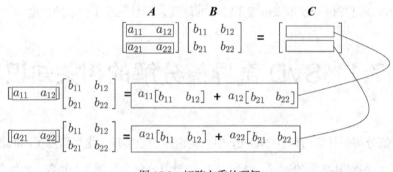

图 17.2　矩阵左乘的理解

17.2　深入理解矩阵作用

　　矩阵的作用不仅是可以完成复杂的计算，它还表示空间的概念。矩阵可以看作是空间与空间的转换关系。我们可以通过矩阵将一个空间中的值表示为另外一个空间中的值，当然也可以将矩阵理解为一个值在自己空间中的变换。

17.2.1　矩阵作用

　　在第 16 章中，我们已经了解到矩阵实际代表了一种空间的变化，本章中我们也会从这个角度介绍奇异值分解。

图 17.3 所示的坐标系中有一个圆心为(0,0)，半径为 2 的圆。

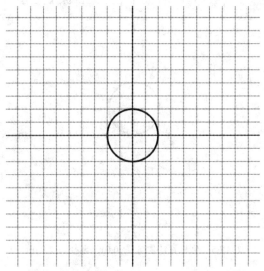

图 17.3　坐标系中圆心为(0,0)，半径为 2 的圆

现在，用矩阵[(3,1), (0,2)]对这个坐标系进行作用，结果如图 17.4 所示，可以看到圆被拉伸成了一个椭圆。

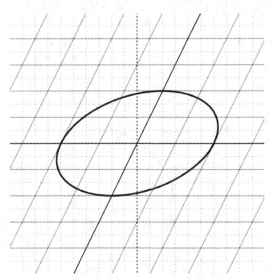

图 17.4　坐标系被矩阵[(3,1), (0,2)]作用后的样子

17.2.2　将矩阵作用分解为特征向量作用

其实矩阵[(3,1), (0,2)]的作用可以被分为几个步骤,联系第 16 章中计算特征值和特征向量的过

程，矩阵的作用可以用特征值和特征向量来解释。首先，重置坐标系，如图 17.5 所示。

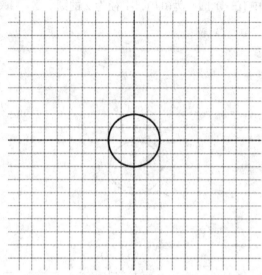

图 17.5　坐标系中圆心为(0,0)，半径为 2 的圆

接着，对矩阵进行特征值计算，可得特征向量矩阵[(1,−0.707), (0,0.707)]与特征矩阵[(3,0), (0,2)]。然后，求得特征向量的逆矩阵[(1,1), (0,1.414)]。接着，就可以将矩阵[(3,1), (0,2)]的作用依次分解为特征向量逆矩阵的作用、特征矩阵的作用、特征向量矩阵的作用。

特征向量逆矩阵的作用使得原空间发生了剪切的效果，结果如图 17.6 所示。

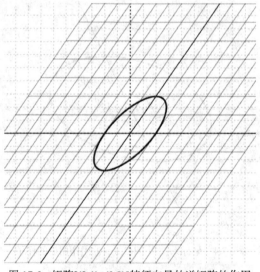

图 17.6　矩阵[(3,1), (0,2)]特征向量的逆矩阵的作用

特征矩阵的作用使得空间被拉伸，结果如图 17.7 所示。

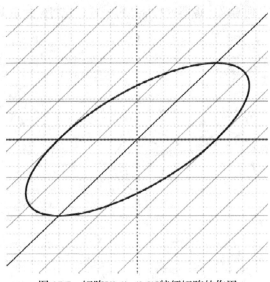

图 17.7　矩阵[(3,1), (0,2)]特征矩阵的作用

特征向量矩阵的作用使得空间转换为最初的空间，结果如图 17.8 所示。可以看到，最终的结果和直接只使用矩阵[(3,1), (0,2)]的作用是相同的。

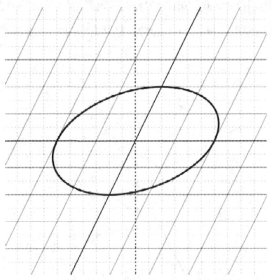

图 17.8　矩阵[(3,1), (0,2)]特征向量矩阵的作用

可以将这 3 个步骤理解为首先将空间转换到了特征向量为基向量的空间，然后在新空间进行了拉伸，即作用[(3,0), (0,2)]，最后将新空间转换回来。

17.2.3　将矩阵作用分解为奇异矩阵作用

奇异值分解是将一个矩阵分解成 3 个矩阵相乘的形式，每个矩阵都具有一定的几何意义和物理意义，这里我们先探讨几何意义。像研究特征矩阵一样，先将坐标系重置，如图 17.9 所示。

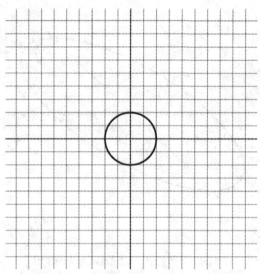

图 17.9　坐标系中圆心为(0, 0)，半径为 2 的圆

对矩阵[(3,1), (0,2)]进行奇异值分解后可以得到 3 个矩阵，分别是左奇异矩阵[(0.881,0.471), (−0.471,0.881)]，奇异值矩阵[(3.256,0), (0,1.842)]，右奇异矩阵[(0.957,−0.289), (0.289,0.957)]。

首先右奇异矩阵的作用使原空间进行了旋转，结果如图 17.10 所示。

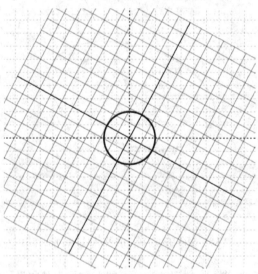

图 17.10　矩阵[(3,1), (0,2)]的右奇异矩阵的作用

然后奇异值矩阵的作用使空间做了拉伸，如图 17.11 所示。

最后左奇异矩阵的作用使空间旋转回原空间，如图 17.12 所示。可以看到，最终的结果和直接只使用矩阵[(3,1), (0,2)]的作用是相同的。

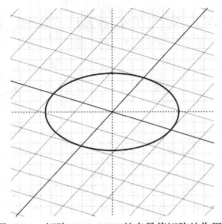

图 17.11　矩阵[(3,1), (0,2)]的奇异值矩阵的作用

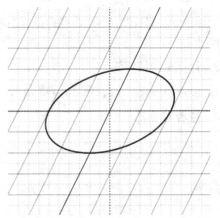

图 17.12　矩阵[(3,1), (0,2)]的左奇异矩阵的作用

17.3　SVD 奇异值分解的应用

SVD 奇异值分解的方法很简单，可以直接调用 Numpy 中的 numpy.linalg.svd()方法，重要的是要理解结果中三个矩阵的具体意义。

给出以下矩阵，这个矩阵代表了某商店顾客购买商品的数量，其中每一行是每个顾客购买的商品的种类以及对应的数量，每一列则代表了每个商品是哪个顾客购买的，以及该顾客购买了多少个此类商品，如表 17.1 所示。

表 17.1　　　　　　　　　　　　某商店商品购买明细表

顾客	商品 A（个）	商品 B（个）	商品 C（个）	商品 D（个）
顾客 A	100	100	0	100
顾客 B	100	0	60	80
顾客 C	60	80	0	60
顾客 D	0	0	100	60
顾客 E	100	80	80	100
顾客 F	100	80	100	100

对这个商品明细表进行奇异值矩阵分解，可得到 3 个矩阵，将它们分别命名为 U 矩阵、S 矩阵和 V 矩阵。

1. 导入模块 numpy

```
In [1]: import numpy as np
```

2. 导入相关数据

```
In [2]:
```

```
a=np.array([[100,100,0,100],[100,0,60,80],[60,80,0,60],[0,0,100,60],[100,80,80,100
],[100,80,100,100]])
```

3. 计算奇异值矩阵

```
In [3]: u,s,v = np.linalg.svd(a)
```

4. 查看 U 矩阵

```
In [4]: u
Out[4]:
array([[-0.44721867,  0.53728743,  0.00643789, -0.50369332, -0.38572204,
        -0.32982993],
       [-0.35861531, -0.24605053, -0.86223083, -0.14584826,  0.07797125,
         0.20015231],
       [-0.29246336,  0.40329582,  0.22754042, -0.10376096,  0.4360044 ,
         0.70652449],
       [-0.20779151, -0.67004393,  0.3950621 , -0.58878098,  0.02599042,
         0.06671744],
       [-0.50993331, -0.05969518,  0.10968053,  0.28687443,  0.59460659,
        -0.53714128],
       [-0.53164501, -0.18870999,  0.19141061,  0.53413013, -0.54845844,
         0.24290419]])
```

5. 查看 V 矩阵

```
In [5]: v
Out[5]:
array([[-0.57098887, -0.4274751 , -0.38459931, -0.58593526],
       [ 0.22279713,  0.51723555, -0.82462029, -0.05319973],
       [-0.67492385,  0.69294472,  0.2531966 , -0.01403201],
       [ 0.41086611,  0.26374238,  0.32859738, -0.80848795]])
```

6. 查看 S

```
In [6]: s
Out[6]: array([354.27841676, 127.83342897,  61.95921944,  26.5795595 ])
```

7. 将 S 转换为矩阵

```
In [7]: np.diag(s)
Out[7]:
array([[354.27841676,   0.        ,   0.        ,   0.        ],
       [  0.        , 127.83342897,   0.        ,   0.        ],
       [  0.        ,   0.        ,  61.95921944,   0.        ],
       [  0.        ,   0.        ,   0.        ,  26.5795595 ]])
```

17.3.1　U 矩阵的理解

首先我们来看 U 矩阵，如图 17.13 所示。图 17.13 中各行代表了各顾客的相关指标值，各列代表了分解后的维度（即属性）。其中越靠前的维度，说明它压缩后显示了越多的信息。

举个例子，观察第一列数值，很容易看到顾客 E 的值是 -0.50993，顾客 F 的值是 -0.53165，这两个值很相近，说明顾客 E 和顾客 F 有很多共同的特性。

顾客A	−0.44722	−0.53729	−0.00644	−0.50369	−0.38572	−0.32983
顾客B	−0.35862	0.246051	0.862231	−0.14585	0.077973	0.200152
顾客C	−0.29246	−0.4033	−0.22754	−0.10376	0.43601	0.706521
顾客D	−0.20779	0.670044	−0.39506	−0.58878	0.025991	0.066717
顾客E	−0.50993	0.059695	−0.10968	0.286874	0.594602	−0.53715
顾客F	−0.53165	0.18871	−0.19141	0.53413	−0.54846	0.242909

图 17.13　U 矩阵

如何理解这种共同的特性呢？让我们重新看商品购买的明细表 17.1，可以看到顾客 E 和顾客 F 在购买商品的时候有相同的喜好，如表 17.2 所示。例如，他们都购买了等量的商品 A、商品 B、商品 D，在商品 C 的购买上也只相差了 20 个。所以这两个顾客购买商品的相似度很高，体现在奇异矩阵分解上，就是在 U 矩阵中，第一列顾客 E 和顾客 F 二者的数值很相近。

表 17.2　　　　　　　　　　　　顾客 E 和顾客 F 购买喜好相同

顾客	商品 A	商品 B	商品 C	商品 D
顾客 A	100	100	0	100
顾客 B	100	0	60	80
顾客 C	60	80	0	60
顾客 D	0	0	100	60
顾客 E	100	80	80	100
顾客 F	100	80	100	100

同样地，我们观察 U 矩阵，可以看到顾客 F 和顾客 D 每一列数值都相差很远，这说明二者有很大的喜好差异。重新看商品购买的明细表 17.1，可以看到顾客 D 没有购买商品 A 和商品 B，如表 17.3 所示，很容易看出顾客 F 和顾客 D 的喜好差别是很大的。

表 17.3　　　　　　　　　　　　顾客 F 和顾客 D 购买喜好不同

顾客	商品 A	商品 B	商品 C	商品 D
顾客 A	100	100	0	100
顾客 B	100	0	60	80

续表

顾客	商品 A	商品 B	商品 C	商品 D
顾客 C	60	80	0	60
顾客 D	0	0	100	60
顾客 E	100	80	80	100
顾客 F	100	80	100	100

17.3.2　V 矩阵的理解

V 矩阵不同于 U 矩阵，它是按列表示商品，按行表示维度的，如图 17.14 所示，各行代表了商品的相关值。我们来看第一行数值，可以看到商品 A 和商品 D 的值是非常相近的，说明这两个商品是很相似的。

商品A	商品B	商品C	商品D
−0.57099	−0.42748	−0.3846	−0.58594
−0.2228	−0.51724	0.82462	0.0532
0.674924	−0.69294	−0.2532	0.014032
0.410866	0.263742	0.328597	−0.80849

图 17.14　V 矩阵

回到商品明细表中，可以看到，顾客 A 购买商品 A 和商品 D 的数量相同，都是 100，顾客 E 和顾客 F 也是；而顾客 B 购买商品 A 和商品 D 的数量相差了 20（即 100−80），顾客 D 购买二者的数量相差了 60（即 60−0），如表 17.4 所示。

表 17.4　　　　　　　　　　　　商品 A 和商品 D 有很大的相似度

顾客	商品 A	商品 B	商品 C	商品 D
顾客 A	100	100	0	100
顾客 B	100	0	60	80
顾客 C	60	80	0	60
顾客 D	0	0	100	60
顾客 E	100	80	80	100
顾客 F	100	80	100	100

同样地，观察 V 矩阵第一行可以看到，商品 A 和商品 C 的值相差很大，回到商品明细表 17.1 中，可以看到，只有顾客 F 同时购买了商品 A 和商品 C，而顾客 B 和顾客 E 在购买商品 A 和商品 C 的数量上有差异，顾客 A、顾客 C、顾客 D 在其购买数量相差更大，如表 17.5 所示。

顾客	商品 A	商品 B	商品 C	商品 D
顾客 A	100	100	0	100
顾客 B	100	0	60	80
顾客 C	60	80	0	60
顾客 D	0	0	100	60
顾客 E	100	80	80	100
顾客 F	100	80	100	100

表 17.5　　　　　　　　　　　商品 A 和商品 B 有很大的差异性

17.3.3　S 矩阵的理解

　　S 矩阵是奇异值矩阵，奇异值代表了该特征的重要性，如图 17.15 所示，可以看到这是一个对角矩阵。在对角线上，数值从大到小排列。它代表了对应的 U 矩阵和 V 矩阵相应的行与列的重要性。比如一行一列的数值 354.2784，代表了 U 矩阵第一列和 V 矩阵第一行的重要性。也就是说，我们可以使用 U 矩阵第一列和 V 矩阵第一行来描述整个数据。

$$\begin{matrix} 354.2784 & 0 & 0 & 0 \\ 0 & 127.8334 & 0 & 0 \\ 0 & 0 & 61.95922 & 0 \\ 0 & 0 & 0 & 26.57956 \end{matrix}$$

图 17.15　S 矩阵

第18章
聚类算法

聚类算法是无监督学习，不需要标记结果。它可以将所给的数据按相似性分为不同的类别。常用的聚类算法有 K 均值聚类（K Means）、谱聚类（Hierarchical Clustering）、基于密度的聚类（DBSCAN）。

本章我们将主要讲述 K 均值聚类算法。

18.1 深入理解 K 均值聚类算法

K 均值聚类算法的核心思想是距离比对。先在坐标系中随机取 k 个中心点，然后和每个样本进行比对，分别取新的中心点，进行反复迭代。

假设在坐标系中分布着下面这些点：

```
(1, 2)
(2, 1)
(2, 2)
(2, 3)
(3, 2)
(5, 6)
(5, 7)
(6, 6)
(6, 7)
(7, 6)
(7, 7)
```

分布如图 18.1 所示。

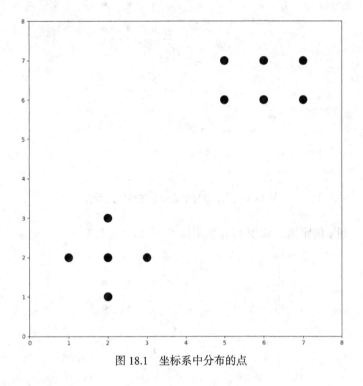

图 18.1　坐标系中分布的点

然后取 $k=2$，也就是取两个中心点进行聚类，它们分别是 x 和 y，如图 18.2 所示。

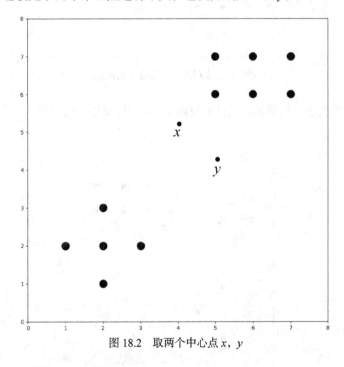

图 18.2　取两个中心点 x, y

我们随机抽取一个点，计算该点与 x 的距离，如图 18.3 所示。

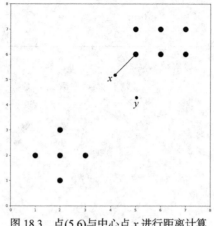

图 18.3　点(5,6)与中心点 x 进行距离计算

然后计算该点到 y 的距离，如图 18.4 所示。

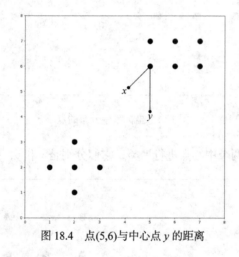

图 18.4　点(5,6)与中心点 y 的距离

比较两个距离的大小，很明显，点(5,6)距离 x 比较近，距离 y 比较远，所以该点暂时归为 x 类，如图 18.5 所示。

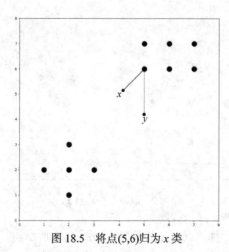

图 18.5　将点(5,6)归为 x 类

依次遍历坐标系中所有的点，就可以将这些点分为 x 类和 y 类，如图 18.6 所示。

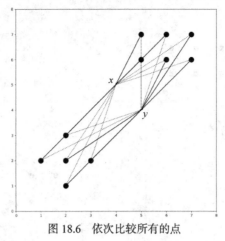

图 18.6　依次比较所有的点

将虚线去掉，将各个点进行归类，如图 18.7 所示。

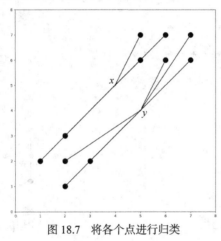

图 18.7　将各个点进行归类

然后对归类之后的点求平均值，即对属于 x 类的所有点求平均值生成新的中心 x'，对属于 y 类的所有点求平均值生成新的中心 y'，如图 18.8 所示。

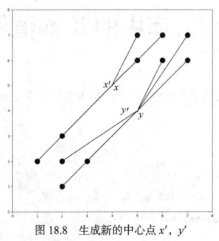

图 18.8　生成新的中心点 x'，y'

这样反复迭代，就可以将所有的点分成两个类别，图 18.9～图 18.12 展示了这个迭代过程。

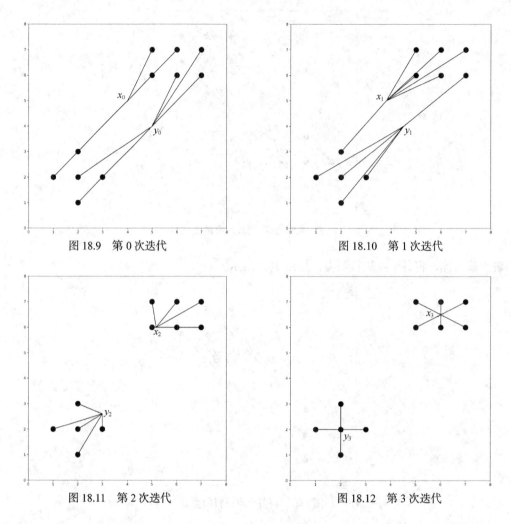

图 18.9　第 0 次迭代　　　　　　　　　　图 18.10　第 1 次迭代

图 18.11　第 2 次迭代　　　　　　　　　　图 18.12　第 3 次迭代

经过 4 次迭代，中心值就趋于稳定了，我们也就成功地将这些数据分为了两个类别。

18.2　Scikit 库中的 K 均值聚类算法

在 Scikit 中提供给了 K 均值聚类算法的模型。接下来用此模型对 18.1 节的模拟数据做一个测试，代码如下。

1. 导入相关模块

```
In [1]: import numpy as np
   ...: import matplotlib.pyplot as plt
   ...: from sklearn.cluster import KMeans
```

2. 创建模拟数据

```
In [2]: a=np.array([[1,2,2,2,3,],[2,1,2,3,2]])
   ...: b=np.array([[5,5,6,6,7,7],[6,7,6,7,6,7]])
```

3. 转换数据格式

```
In [3]: X = np.hstack((a,b)).T   # 转换成所需要的数据格式
   ...: X
Out[3]:
array([[1, 2],
       [2, 1],
       [2, 2],
       [2, 3],
       [3, 2],
       [5, 6],
       [5, 7],
       [6, 6],
       [6, 7],
       [7, 6],
       [7, 7]])
```

4. 创建模型并预测

```
In [4]: y_pred = KMeans(n_clusters=2).fit_predict(X)   # 建立模型并进行预测
   ...: y_pred
Out[4]: array([1, 1, 1, 1, 1, 0, 0, 0, 0, 0, 0])
```

5. 作图

```
In [5]: plt.xlim(0, 8)
   ...: plt.ylim(0, 8)
   ...: plt.scatter(X[y_pred ==1][:, 0], X[y_pred ==1][:, 1], marker='s',c='white',
edgecolors='black') # 第一类数据
   ...: plt.scatter(X[y_pred ==0][:, 0], X[y_pred ==0][:, 1], marker='<',c='black',
edgecolors='black') # 第二类数据
Out[5]: <matplotlib.collections.PathCollection at 0xad7bd68>
```

结果如图 18.13 所示。

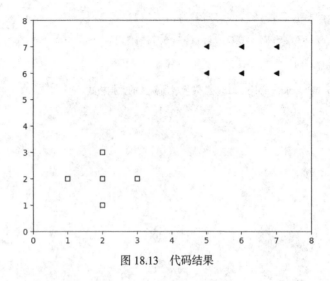

图 18.13　代码结果

可以看到，最后的聚类效果和 18.1 节的结果保持一致。

18.3　其他聚类算法

不同的聚类算法对同一数据集作用后，最后的聚类效果可能会不相同。现在，我们生成一个测试集，代码如下。

```
In [1]: import numpy as np
   ...: import matplotlib.pyplot as plt
In [2]: x=np.linspace(-2,2,200)
   ...: y=x*x + np.random.normal(0,0.1,x.shape)
In [3]: x1=np.linspace(0,4,200)
   ...: y1=-x*x + np.random.normal(0,0.1,x.shape)+5
In [4]: x_temp = np.concatenate((x,x1))
   ...: y_temp = np.concatenate((y,y1))
   ...: plt.scatter(x_temp,y_temp,c='black')
Out[4]: <matplotlib.collections.PathCollection at 0x8bbe748>
```

结果如图 18.14 所示。

首先，我们用 K 均值聚类算法对该数据进行测试，代码如下。

```
In [5]: plt.close()
In [6]: X=np.array([x_temp,y_temp]).T
In [7]: from sklearn.cluster import KMeans
```

```
In [8]: y_pred = KMeans(n_clusters=2).fit_predict(X)

In [9]: plt.scatter(X[y_pred ==1][:, 0], X[y_pred ==1][:, 1], marker='s',c='white',
edgecolors='black')

    ...: plt.scatter(X[y_pred ==0][:, 0], X[y_pred ==0][:, 1], marker='<',c='black',
edgecolors='black')

Out[9]: <matplotlib.collections.PathCollection at 0xb533470>
```

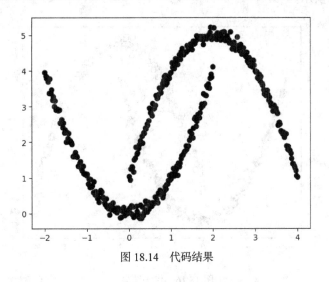

图 18.14　代码结果

结果如图 18.15 所示。

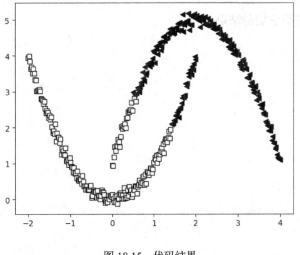

图 18.15　代码结果

可以看到聚类效果并不是我们所预期的，再试一下 DBSCAN 聚类方法，代码如下。

```
In [10]: plt.close()

In [11]: from sklearn.cluster import DBSCAN

In [12]: y_pred = DBSCAN().fit_predict(X)
```

```
In [13]: plt.scatter(X[y_pred ==1][:, 0], X[y_pred ==1][:, 1], marker='s',c='white',
edgecolors='black')
    ...: plt.scatter(X[y_pred ==0][:, 0], X[y_pred ==0][:, 1], marker='<',c='black',
edgecolors='black')
Out[13]: <matplotlib.collections.PathCollection at 0xb975f60>
```

结果如图 18.16 所示。

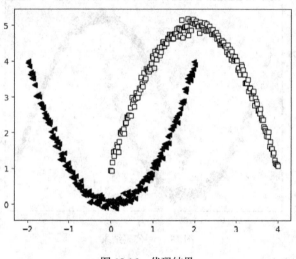

图 18.16　代码结果

这就是使用 DBSCAN 聚类方法的效果。当然我们还可以测试其他聚类方法，只要了解了它们的原理，就很容易理解它们的结果。

第19章
深度学习框架及其应用

在第 10 章中我们已经学习了神经网络，深度学习简单来说就是具有多个隐藏层的神经网络。现在并没有公认的标准认定多少层神经网络算是深度学习神经网络。

现在已经涌现出很多优秀的深度学习框架，比如 TensorFlow、Caffe、Keras、CNTK、PyTorch、MXNet、Leaf、Theano 等。本章中将介绍 GitHub 网站上比较流行的框架，如表 19.1 所示。

表 19.1　　　　　　　　　　各个框架受欢迎程度（2018）

框架	星星数
TensorFlow	109180
Keras	33368
PyTorch	18538
Caffe	25493

19.1　TensorFlow

TensorFlow 是谷歌公司开发的用于高性能数值计算的开源框架，可为机器学习和深度学习提供强力支持，其灵活的数值计算核心广泛应用于许多科学领域。用户可以轻松地将 TensorFlow 计算工作部署到多种平台（如 CPU、GPU、TPU 等）。

19.1.1　TensorFlow 的基本概念

TensorFlow 使用的是先创建模型后训练模型的流程框架。

1. 占位符

在创建模型的过程中，我们需要使用占位符（placeholder），这相当于定义了一个方程，如 z=x*y。

```
In [1]: import tensorflow as tf
In [2]: x = tf.placeholder("float")  # 占位符的类型是浮点 float
   ...: y = tf.placeholder("float")
In [3]: model = tf.multiply(x, y)
```

2. 会话

在训练模型的过程中，我们需要先创建对话，即建立和 TensorFlow 服务端的会话，类似于数据库连接。

```
In [4]: sess = tf.Session()
In [5]: z=sess.run(model, feed_dict={x: 3, y: 3})  # 测试模型，喂数据
   ...: z
Out[5]: 9.0
In [6]: sess.close()  # 任务完成，关闭会话
```

3. 变量

在 TensorFlow 中通过 Variable()创建变量的存储空间，方便每次更新参数。这里我们可以创建一个测试模型 y=x+1，每次用结果更新变量，代码如下。

```
In [1]: import tensorflow as tf
In [2]: x = tf.Variable(0) # 定义变量
   ...: x
Out[2]: <tf.Variable 'Variable:0' shape=() dtype=int32_ref>
In [3]: b = tf.constant(1) # 定义常量
   ...: b
Out[3]: <tf.Tensor 'Const:0' shape=() dtype=int32>
In [4]: y = tf.add(x, b)  # 创建模型
   ...: y
Out[4]: <tf.Tensor 'Add:0' shape=() dtype=int32>
In [5]: update = tf.assign(x,y)  # 创建模型更新方法，将 y 值赋值给 x
   ...: update
Out[5]: <tf.Tensor 'Assign:0' shape=() dtype=int32_ref>
In [6]: init = tf.global_variables_initializer()  # 激活变量
In [7]: sess = tf.Session() #  创建会话
In [8]: sess.run(init) # 激活变量
In [9]: for i in range(3):
```

```
   ...:       y_temp = sess.run(update)  # update 操作包括 add、assign 两部分
   ...:       print(y_temp)
1
2
3
In [10]: sess.close()   # 关闭会话
```

19.1.2　TensorFlow 的应用

接下来我们将会创建一个 2 层的神经网络来进行训练。它包含了一个隐藏层，该隐藏层有 5 个神经元。

```
In [1]: import tensorflow as tf
   ...: import numpy as np
   ...: import matplotlib.pyplot as plt
```

创建层的方法如下。

```
In [2]: def add_layer(xs, input, output, activation=None):
   ...:       # 设置系数矩阵
   ...:       Weights = tf.Variable(tf.random_normal([input, output]))
   ...:       # 设置偏置量矩阵（向量）
   ...:       biases = tf.Variable(tf.zeros([1, output]) + 0.1)
   ...:       # 设置模型
   ...:       model = tf.matmul(xs, Weights) + biases
   ...:       # 设置激活函数
   ...:       if activation is None:
   ...:           outputs = model
   ...:       else:
   ...:           outputs = activation(model)
   ...:       return outputs
```

创建模拟数据。这里要注意的是 x_data 必须是多维的数据，不能是列表类型的，所以要加上 [:, np.newaxis]，代码如下。

```
In [3]: x_data = np.linspace(-1,1,300)[:, np.newaxis]
   ...: noise = np.random.normal(0, 0.05, x_data.shape)
   ...: y_data = x_data*x_data*x_data - 0.5 + noise
In [4]: xs = tf.placeholder(tf.float32, [None, 1])
   ...: ys = tf.placeholder(tf.float32, [None, 1])
```

搭建神经网络模型，这里我们搭建的是一个含有 5 个节点的隐藏层和 1 个线性的输出层，如

图 19.1 所示。

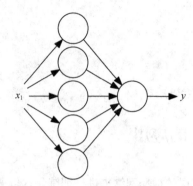

图 19.1　神经网络模型

```
    In [5]: l1 = add_layer(xs = xs, input=1, output=5, activation=tf.nn.relu) # 添加
#一个隐藏层

    ...: prediction = add_layer(xs = l1, input= 5, output=1, activation=None) # 添加
#一个输出层

    In [6]: loss = tf.reduce_mean(tf.reduce_sum(tf.square(ys - prediction),

    ...:                          reduction_indices=[1])) # 计算预测值 prediction 和真实值
#的误差, 对二者差的平方求和再取平均

    In [7]: train_step = tf.train.GradientDescentOptimizer(0.1).minimize(loss) # 设置
#学习速率

    In [8]: init = tf.global_variables_initializer()

    ...: sess = tf.Session()

    ...: sess.run(init)

    In [9]: for i in range(1000):

    ...:        sess.run(train_step, feed_dict={xs: x_data, ys: y_data})  # 训练

    ...:        if i % 50 == 0:  # 每 50 步打印一次结果

    ...:            cost = sess.run(loss, feed_dict={xs: x_data, ys: y_data})

    ...:            print(cost)

0.052229572

0.034447975

0.021573441

0.020272266

0.019719485

0.019139731

0.018507266`

0.017811948

0.017053552

0.01623348
```

0.015355758

0.014431441

0.013491405

0.012525727

0.011555966

0.010599355

0.009704252

0.008893796

0.008189336

0.007575061

我们可以看每一次迭代的结果，如图 19.2～图 19.12 所示。

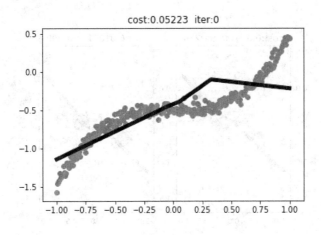

图 19.2　第 0 次迭代，初始化

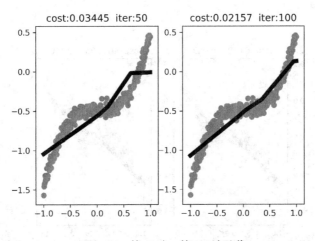

图 19.3　第 50 次、第 100 次迭代

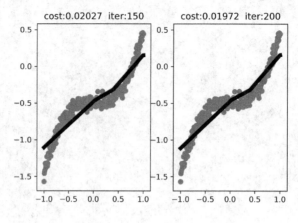

图 19.4　第 150 次、第 200 次迭代

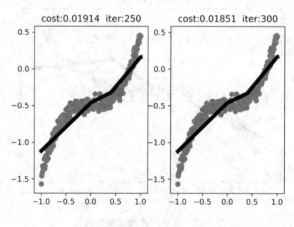

图 19.5　第 250 次、第 300 次迭代

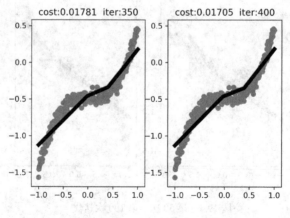

图 19.6　第 350 次、第 400 次迭代

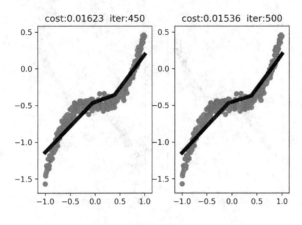

图 19.7 第 450 次、第 500 次迭代

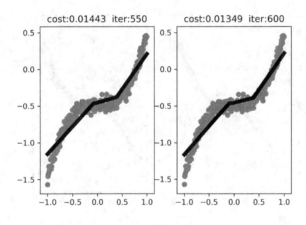

图 19.8 第 550 次、第 600 次迭代

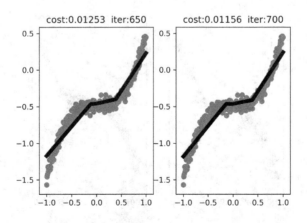

图 19.9 第 650 次、第 700 次迭代

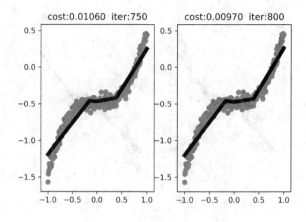

图 19.10　第 750 次、第 800 次迭代

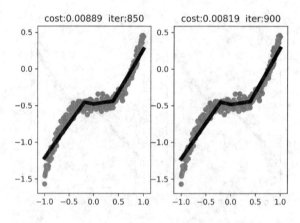

图 19.11　第 850 次、第 900 次迭代

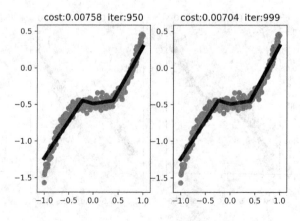

图 19.12　第 950 次、第 999 次迭代

19.2　Keras

Keras 是一个高层的神经网络 API，它对神经网络底层框架（如 TensorFlow、Theano 以及 CNTK）的封装提供了构建神经网络的统一接口。Keras 的优点是易于理解和上手。

Keras 将神经网络的每个部分都模块化，这为构建神经网络提供了很大的便利，Keras 的基本框架图如图 19.13 所示。

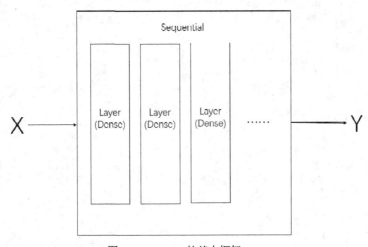

图 19.13　Keras 的基本框架

keras.models.Sequential 模块是用来创建神经网络总框架的，因为神经网络可以看成是一个从左到右的层连接。

keras.layers.Dense 模块是用来创建神经网络的层的，这里，Dense 是全链接层，就是最基本的层。

我们将使用 Keras 快速搭建一个神经网络结构。相对于使用 TensorFlow，Keras 搭建神经网络的速度非常快。

```
In [1]: import numpy as np
   ...: from keras.models import Sequential
   ...: from keras.layers import Dense
   ...: from keras.optimizers import SGD
   ...: import matplotlib.pyplot as plt
In [2]: X = np.linspace(-3.14, 3.14, 200)   # 创建模拟数据
   ...: Y = np.sin(X) + np.random.normal(0, 0.05, (200, ))
```

```
In [3]: model = Sequential() # Sequential 是一系列网络层按顺序构成的栈

In [4]: model.add(Dense(3,input_dim=1,activation='relu')) #  添加隐藏层

   ...: model.add(Dense(2,activation='relu')) #  添加隐藏层

   ...: model.add(Dense(1)) #  添加输出层

In [5]: sgd = SGD(lr=0.1) # 设置优化器

In [6]: model.compile(loss='mean_squared_error', optimizer=sgd) # 编译模型

In [7]: for i in range(1000):

   ...:        cost = model.train_on_batch(X, Y)

   ...:        if i % 50 == 0:

   ...:                print('cost:', cost)
cost: 1.062296
cost: 0.16349243
cost: 0.053034727
cost: 0.024499016
cost: 0.017032154
cost: 0.018660702
cost: 0.022376373
cost: 0.015768794
cost: 0.013720843
cost: 0.009583812
cost: 0.0099637
cost: 0.009931708
cost: 0.008464397
cost: 0.0074067987
cost: 0.0065439153
cost: 0.0058691488
cost: 0.0059793675
cost: 0.005393518
cost: 0.0049984683
cost: 0.004904071
```

我们可以看一下每一次迭代的图像，如图 19.14～图 19.24 所示。

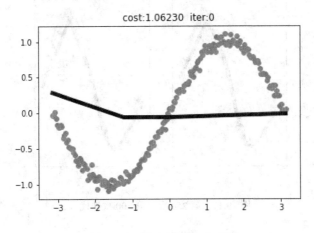

图 19.14　第 0 次迭代，初始化

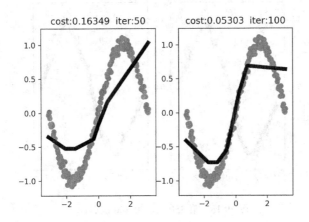

图 19.15　第 50 次、第 100 次迭代

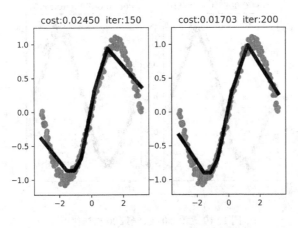

图 19.16　第 150 次、第 200 次迭代

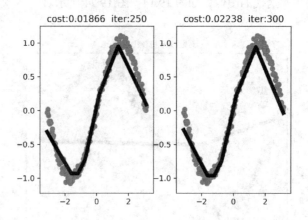

图 19.17　第 250 次、第 300 次迭代

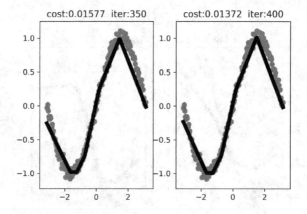

图 19.18　第 350 次、第 400 次迭代

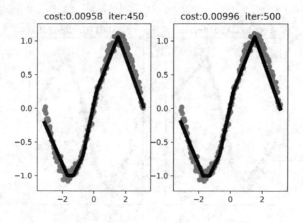

图 19.19　第 450 次、第 500 次迭代

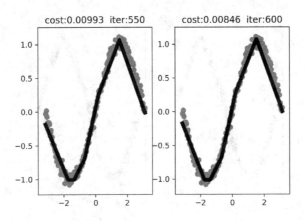

图 19.20　第 550 次、第 600 次迭代

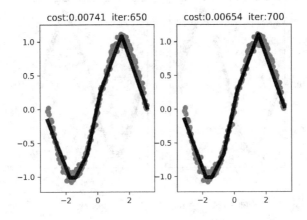

图 19.21　第 650 次、第 700 次迭代

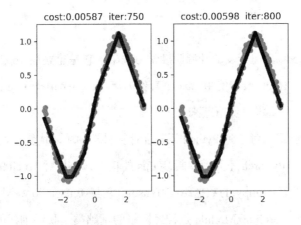

图 19.22　第 750 次、第 800 次迭代

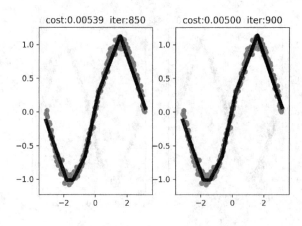

图 19.23　第 850 次、第 900 次迭代

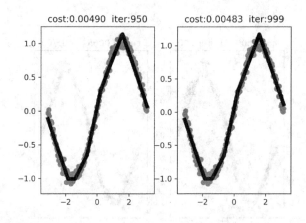

图 19.24　第 950 次、第 999 次迭代

19.3　PyTorch

PyTorch 是由 Facebook 公司开发的开源深度学习框架，它是建立在 Torch 库上的 Python 包，旨在加速深度学习应用。Torch 最初使用 Lua 语言作为接口，但是由于 Lua 语言过于小众，用的人不是很多，所以 Torch 一直没有流行起来。

Facebook 的人工智能团队考虑到 Python 语言在计算科学领域的优势，于是就推出了 Torch 的 Python 接口——PyTorch。PyTorch 不是简单封装 Lua 的接口，而是对 Torch 的模块进行了重构。

PyTorch 建立了类似于 Numpy 的数据结构 Tensor。它与 TensorFlow 不同的地方在于它的结构是以类的形式创建的。Torch.nn.Module 是神经网络的基础类，我们创建的神经网络需要继承这个类。

接下来，使用 PyTorch 搭建一个神经网络模型进行回归运算，示例代码如下。

```
In [1]: from torch.autograd import Variable
   ...: import torch.nn.functional as F
   ...: import torch
   ...: import matplotlib.pyplot as plt
In [2]: x = torch.unsqueeze(torch.linspace(-3.14, 3.14, 400), dim=1)
   ...: y = x.cos() + 0.3*torch.rand(x.size())
In [3]: x, y = Variable(x), Variable(y)  # 转换为 pytorch 格式
In [4]: class Net(torch.nn.Module):
   ...:     # 初始化神经网络,设置其结构
   ...:     def __init__(self, input, hidden, output):
   ...:         super(Net, self).__init__()
   ...:         # 隐藏层线性输出
   ...:         self.hidden = torch.nn.Linear(input, hidden)
   ...:         # 输出层线性输出
   ...:         self.predict = torch.nn.Linear(hidden, output)
   ...:     # 定义前馈网络
   ...:     def forward(self, x):
   ...:         # 激励函数(隐藏层的线性值)
   ...:         x = F.relu(self.hidden(x))
   ...:         # 输出值不需要再激活
   ...:         x = self.predict(x)
   ...:         return x
In [5]: net = Net(input=1, hidden=10, output=1)  # 创建神经网络对象,并查看结构
   ...: net
Out[5]:
Net(
  (hidden): Linear(in_features=1, out_features=10, bias=True)
  (predict): Linear(in_features=10, out_features=1, bias=True)
)
In [6]: optimizer = torch.optim.SGD(net.parameters(), lr=0.2) # 创建梯度下降学习对象
In [7]: loss_func = torch.nn.MSELoss() # 创建损失值计算方法
In [8]: for i in range(100):
   ...:     prediction = net(x) # 前馈预测
   ...:     loss = loss_func(prediction, y) # 计算两者的误差
   ...:     optimizer.zero_grad() # 清空上一步的数据
   ...:     loss.backward() # 误差反向传播,更新参数
```

```
   ...:        optimizer.step() # 将参数更新神经网络的参数值
   ...:        if i % 5 == 0: # 每5次打印一下损失值
   ...:            print(loss.data)
tensor(0.5013)

tensor(0.1567)

tensor(0.0524)

tensor(0.2538)

tensor(0.8858)

tensor(0.0625)

tensor(0.0293)

tensor(0.0194)

tensor(0.0164)

tensor(0.0152)

tensor(0.0145)

tensor(0.0139)

tensor(0.0134)

tensor(0.0130)

tensor(0.0127)

tensor(0.0125)

tensor(0.0123)

tensor(0.0121)

tensor(0.0119)

tensor(0.0118)
```

我们可以看一下每一次迭代的图像，如图 19.25～图 19.35 所示。

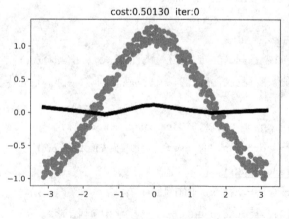

图 19.25　第 0 次迭代，初始化

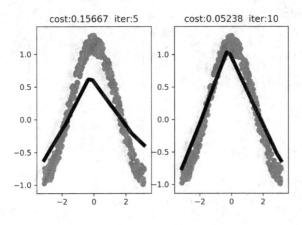

图 19.26　第 5 次、第 10 次迭代

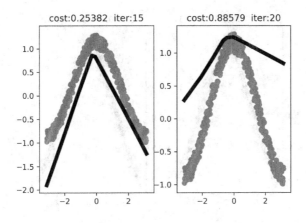

图 19.27　第 15 次、第 20 次迭代

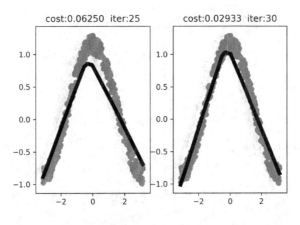

图 19.28　第 25 次、第 30 次迭代

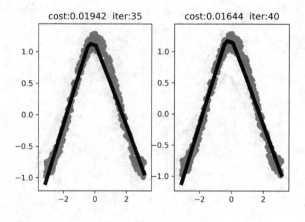

图 19.29　第 35 次、第 40 次迭代

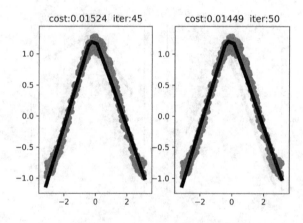

图 19.30　第 45 次、第 50 次迭代

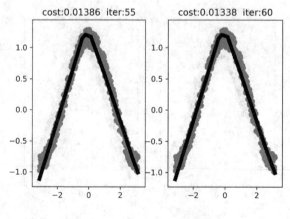

图 19.31　第 55 次、第 60 次迭代

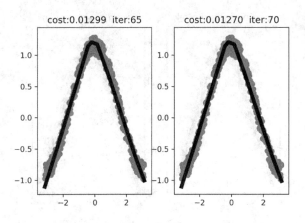

图 19.32 第 65 次、第 70 次迭代

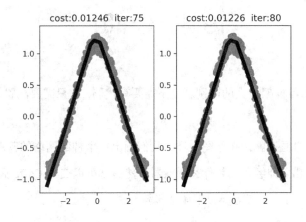

图 19.33 第 75 次、第 80 次迭代

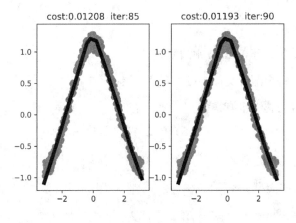

图 19.34 第 85 次、第 90 次迭代

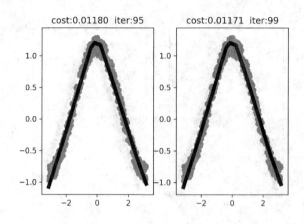

图 19.35　第 95 次、第 99 次迭代

19.4　Caffe

Caffe 与其他深度学习框架最大的区别就是不需要写代码，它只需要配置好相应的参数，就可以开始训练模型。

使用 Caffe 深度学习框架就像在作图一样，我们画出一个神经网络的蓝图，然后指定神经网络的具体参数，比如有几个神经元，是什么激活器，然后就可以交给 Caffe 框架来进行训练了。

使用 Caffe 做深度学习，一般需要以下 4 个步骤。

- 转换数据（执行命令）。
- 定义网络（配置文件）。
- 定义 solver（配置文件）。
- 训练（执行命令）。

网络的配置文件格式类似于 Python 中的字典。

- layer 指的是层，每个配置文件中可以有多个层。
- layer 中可以配置的属性也有很多。
- name 用于设置该层的名字。
- type 用于设置该层的类型。
- bottom 表示输入的类型。
- top 表示输出的类型。

在 Linux 系统下载相应的数据集。

```
$ sh data/mnist/get_mnist.sh
$ cd data/mnist
$ ls
get_mnist.sh  t10k-images-idx3-ubyte  t10k-labels-idx1-ubyte  train-images-idx3-
ubyte  train-labels-idx1-ubyte
```

运行成功后，在 data/mnist/目录下有 4 个文件：

```
train-images-idx3-ubyte:  训练集样本（60000 个样本）
train-labels-idx1-ubyte:  训练集对应标签（60000 个标签）
t10k-images-idx3-ubyte:   测试集样本（10000 个样本）
t10k-labels-idx1-ubyte:   测试集对应标签（10000 个标签）
```

将数据转换为 caffe 类型的数据集。

```
$ sh examples/mnist/create_mnist.sh
Creating lmdb...
I0829 15:56:02.523766  8724 db_lmdb.cpp:35] Opened lmdb examples/mnist/mnist_train
_lmdb
I0829 15:56:02.524662  8724 convert_mnist_data.cpp:88] A total of 60000 items.
I0829 15:56:02.524688  8724 convert_mnist_data.cpp:89] Rows: 28 Cols: 28
I0829 15:56:03.284529  8724 convert_mnist_data.cpp:108] Processed 60000 files.
I0829 15:56:03.304798  8725 db_lmdb.cpp:35] Opened lmdb examples/mnist/mnist_test_
lmdb
I0829 15:56:03.305022  8725 convert_mnist_data.cpp:88] A total of 10000 items.
I0829 15:56:03.305030  8725 convert_mnist_data.cpp:89] Rows: 28 Cols: 28
I0829 15:56:03.400647  8725 convert_mnist_data.cpp:108] Processed 10000 files.
Done.
```

回到 caffe 的根目录。

```
$ cd ~/caffe
```

打开~caffe/examples/mnist/lenet_solver.prototxt 文件。

```
# 要调用的模型配置文件路径
net: "examples/mnist/lenet_train_test.prototxt"
# 进行100 次前向计算, test_iter*test batch size =10000
test_iter: 100
# 每训练500 次，进行一次测试
test_interval: 500
# 基础学习率和动量
base_lr: 0.01
momentum: 0.9
weight_decay: 0.0005
```

```
# 学习策略

lr_policy: "inv"

gamma: 0.0001

power: 0.75

# 迭代 100 次 打印输出一次结果

display: 100
# 最大迭代数

max_iter: 10000
# 5000 次迭代保存一次模型

snapshot: 5000

snapshot_prefix: "examples/mnist/lenet"
# 使用 gpu 还是 cpu

solver_mode: CPU
```

打开~caffe/examples/mnist/lenet_train_test.prototxt 文件，该文件定义的神经网络结构是：输入层->卷积层->池化层->卷积层->池化层->全链接层->激活层->全链接层->输出层。

这里需要注意的是，Caffe 将全链接层和激活层算成两层。

```
name: "LeNet"
# 训练用的输入层

layer {
  name: "mnist"   # 该层的名字

  type: "Data"    # 该层的类型

  top: "data"   # bottom 表示输入，top 表示输出，因为数据层没有输入，所以没有 button

  top: "label"

  include {

    phase: TRAIN   # 测试阶段和训练阶段，TRAIN 表示该数据只在训练过程中用到

  }

  transform_param {

    scale: 0.00390625   # 归一化，将像素点值归一化(1/256)

  }

  data_param {

    source: "examples/mnist/mnist_train_lmdb"   # 数据来源

    batch_size: 64   # 每次处理的图像的个数，一般是 2 的 n 次方

    backend: LMDB   # 数据源类型，caffe 专有的

  }

}
# 测试用输入层

layer {
```

```
    name: "mnist"
    type: "Data"
    top: "data"
    top: "label"
    include {
      phase: TEST  # 只在测试过程中使用
    }
    transform_param {
      scale: 0.00390625
    }
    data_param {
      source: "examples/mnist/mnist_test_lmdb"
      batch_size: 100
      backend: LMDB
    }
  }
# 卷积层
layer {
  name: "conv1"
  type: "Convolution"  # 卷积类型
  bottom: "data"  # 输入是 data 层
  top: "conv1"  # 输出是卷积层 1 的输出结果
  param {
    lr_mult: 1  # 权值学习率(w)
  }
  param {
    lr_mult: 2  # b 值学习率(b)
  }
  convolution_param {
    num_output: 20  # 卷积核数目
    kernel_size: 5  # 卷积核大小(5*5)
    stride: 1  # 卷积核步长 1
    weight_filler {
      type: "xavier"  # 权值初始化。默认为'constant',可选择'xavier'或'gaussian'
    }
    bias_filler {
      type: "constant"  # b 值初始化
```

```
        }
      }
    }
    # 池化层
    layer {
      name: "pool1"
      type: "Pooling"
      bottom: "conv1"
      top: "pool1"
      pooling_param {
        pool: MAX
        kernel_size: 2
        stride: 2
      }
    }
    # 卷积层
    layer {
      name: "conv2"
      type: "Convolution"
      bottom: "pool1"
      top: "conv2"
      param {
        lr_mult: 1
      }
      param {
        lr_mult: 2
      }
      convolution_param {
        num_output: 50
        kernel_size: 5
        stride: 1
        weight_filler {
          type: "xavier"
        }
        bias_filler {
          type: "constant"
        }
```

```
  }
}
# 池化层
layer {
  name: "pool2"
  type: "Pooling"
  bottom: "conv2"
  top: "pool2"
  pooling_param {
    pool: MAX
    kernel_size: 2
    stride: 2
  }
}
# 全链接层
layer {
  name: "ip1"
  type: "InnerProduct"  # 全链接层
  bottom: "pool2"
  top: "ip1"
  param {
    lr_mult: 1
  }
  param {
    lr_mult: 2
  }
  inner_product_param {
    num_output: 500
    weight_filler {
      type: "xavier"
    }
    bias_filler {
      type: "constant"
    }
  }
}
# ip1 的激活函数
```

```
layer {
  name: "relu1"   # 选择激活函数
  type: "ReLU"
  bottom: "ip1"
  top: "ip1"
}
# 全链接层
layer {
  name: "ip2"
  type: "InnerProduct"
  bottom: "ip1"
  top: "ip2"
  param {
    lr_mult: 1
  }
  param {
    lr_mult: 2
  }
  inner_product_param {
    num_output: 10
    weight_filler {
      type: "xavier"
    }
    bias_filler {
      type: "constant"
    }
  }
}
# 测试时用的输出层
layer {
  name: "accuracy"
  type: "Accuracy"
  bottom: "ip2"   # 输入全链接层
  bottom: "label"   # 输入标签
  top: "accuracy"   # 输出准确率
  include {
    phase: TEST
```

```
    }
}
# softmax 输出层
layer {
  name: "loss"
  type: "SoftmaxWithLoss"
  bottom: "ip2"
  bottom: "label"
  top: "loss"
}
```

开始训练。

```
$ sh ./examples/mnist/train_lenet.sh
```

打印日志。

```
# 打印使用的硬件 cpu 或者 gpu 这里使用 cpu
I0829 13:32:33.600069  7222 caffe.cpp:197] Use CPU.
# 读取 solver 配置文件
I0829 13:32:33.600401  7222 solver.cpp:45] Initializing solver from parameters:
test_iter: 100
test_interval: 500
base_lr: 0.01
display: 100
max_iter: 10000
lr_policy: "inv"
gamma: 0.0001
power: 0.75
momentum: 0.9
weight_decay: 0.0005
snapshot: 5000
snapshot_prefix: "examples/mnist/lenet"
solver_mode: CPU
net: "examples/mnist/lenet_train_test.prototxt"
train_state {
  level: 0
  stage: ""
}
# 读取神经网络配置文件
solver.cpp:102] Creating training net from net file: examples/mnist/lenet_train_
```

```
test.prototxt
    net.cpp:296] The NetState phase (0) differed from the phase (1) specified by a rule
in layer mnist
    net.cpp:296] The NetState phase (0) differed from the phase (1) specified by a rule
in layer accuracy
    net.cpp:53] Initializing net from parameters:
    ......
    # 初始化网络
    layer_factory.hpp:77] Creating layer mnist
    db_lmdb.cpp:35] Opened lmdb examples/mnist/mnist_train_lmdb
    net.cpp:86] Creating Layer mnist
    ......
    net.cpp:257] Network initialization done.
    solver.cpp:190] Creating test net (#0) specified by net file: examples/mnist/lenet
_train_test.prototxt
    net.cpp:296] The NetState phase (1) differed from the phase (0) specified by a rule
in layer mnist
    # 开始训练和测试
    net.cpp:53] Initializing net from parameters:
    ......
    layer_factory.hpp:77] Creating layer mnist
    db_lmdb.cpp:35] Opened lmdb examples/mnist/mnist_test_lmdb
    net.cpp:86] Creating Layer mnist
    ......
    solver.cpp:414]     Test net output #0: accuracy = 0.991
    solver.cpp:414]     Test net output #1: loss = 0.0286286 (* 1 = 0.0286286 loss)
    solver.cpp:332] Optimization Done.
    caffe.cpp:250] Optimization Done.
```